Objectives and Key Results

Die Grundlagen der agilen Managementmethode OKR

Dr. Daniela Kudernatsch

HAUFE.

Inhalt

Vorwort

Management by Objectives, Balanced Scorecard, Agiles Projektmanagement und Lean Management – in den letzten Jahrzehnten waren viele Managementsysteme und -methoden en vogue. Ist jetzt OKR der neue Hype, ein Trend, der in ein paar Jahren wieder von einem neuen abgelöst wird?

Meine Auffassung ist: Der richtige Mix macht`s. Über 20 Jahre Erfahrung in der Strategieumsetzung und Unternehmensberatung lehrten mich, dass das Erfolgsgeheimnis die praxisorientierte Kombination der unterschiedlichen Ansätze ist. Denn jede Methode hat ihre Vor- und Nachteile, wenngleich bei OKR sicherlich das Positive überwiegt.

In diesem TaschenGuide werden Sie daher nicht nur Grundsätze und Orientierungsregeln zur neuen Führungsmethode »Objectives and Key Results« nachlesen können, sondern auch viel zu Techniken und Tools erfahren, die sich zusätzlich bewährt haben. Ebenso lernen Sie OKR-orientierte Vorgehensweisen und Hilfsmittel kennen, die ich selbst in meiner langjährigen Beratungstätigkeit für meine Kunden entwickelt habe. All dies ist flankiert durch Fallbeispiele aus der Praxis sowie Tipps und erprobte Regeln zur OKR-Einführung.

Ich wünsche Ihnen viele wertvolle Erkenntnisse beim Lesen,

Ihre Daniela Kudernatsch

Die Grundlagen

OKR ist kein Allheilmittel, das Unternehmen auf einen Schlag besser und erfolgreicher macht. Und es ist auch nichts gänzlich Neues. Viele Elemente daraus sind uns bereits in anderen Managementsystemen begegnet.

In diesem Kapitel erfahren Sie,

- warum vermeintliche Management-Erfolgsrezepte in Wirklichkeit keine sind,
- was OKR von anderen Unternehmenssteuerungs-Methoden unterscheidet,
- was es mit dem OKR-Framework auf sich hat.

OKR: Führungsmethode der Erfolgreichen?

High-Tech-Giganten wie Google, YouTube, Amazon, Facebook, Netflix oder Airbnb haben sich Anfang dieses Jahrtausends in Windeseile an die Spitze der Top-Unternehmen weltweit gesetzt und sich in dieser relativ kurzen Spanne eine außerordentliche Wettbewerbsposition aufgebaut. Heute stehen diese Tech-Unternehmen an der Spitze der Top-Unternehmen weltweit. Viele traditionelle Unternehmen, wie z.B. Kodak oder Polaroid, sind dagegen nahezu verschwunden. Es ist nur eine Frage der Zeit, bis es anderen Unternehmen ähnlich ergeht.

Die Unternehmenswelt hat im letzten Jahrhundert signifikante Umbrüche erfahren. Wir können ziemlich sicher davon ausgehen, dass sich an dieser Dynamik auch künftig nichts ändert. Im Gegenteil. Nehmen wir also an, diese Entwicklung geht weiter, dann würde das bedeuten, dass sich keines der heutigen Top-Unternehmen in 50 Jahren noch unter den Top 10 befände.

Jahr		
2017	1. Apple	6. Berkshire Hathaway
	2. Alphabet	7. Johnson & Johnson
	3. Microsoft	8. Exxon Mobil
	4. Facebook	9. JP Morgan Chase
	5. Amazon	10. Wells Fargo & Co.
1967	1. International Business Machines	6. Texaco
	2. AT&T	7. Sears, Roebuck
	3. Eastman Kodak	8. General Electric
	4. General Motors	9. Polaroid
	5. Standard Oil of N.J.	10. Golf Oil
1917	1. U.S. Steel	6. Swift & Co.
	2. American Telephone and Telegraph	7. International Harvester
	3. Standard Oil of N.J.	8. E.I. du Pont de Nemours
	4. Bethlehem Steel	9. Midvale Steel & Ordnance
	5. Armour & Co.	10. U.S. Rubber

Abb. 1: *Die Top-10 der US-amerikanischen Unternehmen*

Was macht Unternehmen erfolgreich?

Warum sind die einen erfolgreich, während die anderen stolpern oder gar scheitern?

Eine Untersuchung von *The Economist Intelligence Unit (EIU)* zeigt, dass Unternehmen ein signifikant höheres Wachstum, eine höhere Profitabilität und einen größeren Marktanteil erzielen, wenn ihre Mitarbeiter die Unternehmensstrategie verstehen, an diese glauben und Fähigkeiten besitzen, diese Strategien auch umzusetzen. Der kritische Erfolgsfaktor dabei ist, wie viel Zeit das Unternehmen auf die Strategieplanung und -umsetzung verwendet. Bei der Untersuchung dieser Frage ergab die Studie Folgendes:

- 46 % der untersuchten Unternehmen verwenden mehr Zeit für Strategieumsetzung als für Strategieplanung,
- 27 % haben einen ausgewogenen Ansatz und
- 26 % investieren mehr Zeit in die Strategieplanung als in die Strategieumsetzung.

Bei vielen Unternehmen, die ich kennengelernt habe, dauert der Strategieplanungsprozess mehrere Monate. Er reicht teilweise sogar bis ins neue Geschäftsjahr. Dies führt unweigerlich dazu, dass die Zeit für die unterjährige Strategieumsetzung entsprechend verkürzt ist. Ehe man sich's versieht, steht dann schon wieder das neue Planungsjahr an.

Die Frage, die sich hier zudem stellt, ist: Macht es in dem sich schnell ändernden und ungewissen Marktumfeld, in dem wir uns heutzutage befinden, denn überhaupt noch Sinn, zu versuchen die Zukunft zu 100 % vorherzusagen und so viel Zeit in Strategieplanung zu investieren?

Herausragende Unternehmen haben offenbar eine Antwort darauf gefunden: Sie planen sehr kurzzyklisch und fokussieren sich mehr darauf, eine flexible und lernende Organisation zu entwickeln. Sie sind in der Lage, mit Ungewissheit umzugehen.

Diese Unternehmen haben in der Regel ein entsprechendes Managementsystem, unter anderem die »Objectives und Key Results«-Managementmethode, etabliert.

Auch Google, ein unzweifelhaft sehr erfolgreiches Unternehmen, zählt dazu. Larry Page, der Mitbegründer von Google, sagt: »Objectives und Key Results haben uns zu zehnfachem Wachstum verholfen.« Für welchen Manager oder Unternehmenslenker klingt das nicht verlockend?

Von vermeintlichen Allheilmitteln und Erfolgsrezepten

Ist OKR aber eine Art Geheimrezept, das Erfolge zweifelsfrei garantiert? Mit dieser Frage werden wir uns in diesem TaschenGuide beschäftigen. Eines jedoch dazu gleich vorab: Weder ist OKR brandneu, noch garantiert es automatisch langfristigen Erfolg. Leider glauben viele Unternehmen, dass sie mit der Einführung einer neuen Methode die Wunden der Vergangenheit für immer heilen und in der Zukunft außerordentliche Erfolge verzeichnen können. Das stellt sich jedoch oft als Trugschluss heraus, wie ein Blick zurück auf ältere Management-Methoden zeigt. Es wurden im Laufe der Zeit die verschiedensten Managementsysteme und unzählige Werkzeuge entwickelt.

Nachdem der Management-by-Objectives-Ansatz (MbO), ein viel diskutierter und Erfolg versprechender Ansatz, in der Praxis nur begrenzt überzeugen konnte, erhoffte man sich von der Balanced Scorecard eine bessere Lösung. Als auch diese Konzepte nicht funktionierten, suchte man in den Unternehmen nach weiteren neuen Methoden, die endlich halten sollten, was sie versprechen. Und so finden aktuell sowohl der Hoshin-Kanri-Ansatz als auch der OKR-Ansatz zunehmende Verbreitung. Beide Methoden erfreuen sich aktuell großer Beliebtheit.

Ein grundlegender Irrtum, der immer wieder zu Enttäuschungen führt, ist die Annahme, dass der Erfolg in der Methode an sich liegt. Meine langjährige Erfahrung mit unterschiedlichen Managementmethoden ließ mich zu folgendem Schluss kommen: Jede Methode hat ihre Vor- und Nachteile. Wie gut oder schlecht die Umsetzung erfolgt, hängt jedoch ganz davon ab, inwieweit sich die jeweiligen Managementpraktiken in der DNA von Führungskräften verwurzelt haben. Damit *muss* jede Managementmethode – auch OKR – als reines Führungsinstrument verstanden werden.

In der Praxis hat sich auch immer wieder gezeigt, dass es kein fertiges Rezept für die Einführung eines Managementsystems gibt. Vielmehr muss sich jede Methode in Abhängigkeit vom spezifischen Unternehmenskontext selbst entfalten und etablieren.

Abgrenzung zu anderen Managementsystemen

Wenn Sie sich mit Objectives und Key Results (OKR) beschäftigen, empfehle ich Ihnen dringend, sich auch einen Einblick in andere Managementsysteme zu verschaffen. Warum? Weil es sich bei OKR schlicht und ergreifend nicht um eine neue Managementmethode handelt. Die Ursprünge von OKR gehen zurück in die 1980er Jahre und speisen sich ursprünglich aus Ideen des MbO-Ansatzes (MbO = Management by Objectives), wie übrigens etliche andere Managementsysteme auch.

Wie viele andere Systeme weist OKR daher auch verschiedene Vor-, aber auch Nachteile auf. Selbst der einflussreiche US-Manager und OKR-Befürworter John Doerr (2018) schreibt in seinem Buch, dass es zum einen kein »Kochrezept« für OKR gibt und dass man zum anderen OKR nicht in Reinkultur einführen kann.

Ich bin davon überzeugt, dass die richtige Kombination von Managementsystemen das Erfolgsgeheimnis ist und dass die individuellen Ansätze niemals allein in der Reinkultur angewendet werden können.

Einige der wichtigsten Systeme neben OKR schauen wir uns in den folgenden Abschnitten näher an.

Management by Objectives

Die Methode »Management by Objectives«, kurz: MbO geht auf Peter Drucker zurück, der sie 1954 entwickelte. Sie steht im Wesentlichen für das Führen mit Zielen, was auch bereits in ihrem englischen Namen zum Ausdruck kommt.

MbO wurde zu der damaligen Zeit stark vom Prinzip des Taylorismus beeinflusst, nämlich Tätigkeiten in kleinste Arbeitsschritte zu unterteilen. Folgerichtig war es daher auch die Grundidee von MbO, dass sich die Ziele des Unternehmens aus der Summe der Einzelziele zusammensetzen.

Sinn und Zweck von MbO ist es, die strategischen Ziele des Unternehmens umzusetzen. Dabei werden die Ziele top-down kaskadiert und im Rahmen von Zielvereinbarungsgesprächen festgelegt, sodass jeder Mitarbeiter seine Ziele kennt und täglich daran arbeitet. Dabei werden nur vertikale Zielvereinbarungen getroffen. Schnittstellenthemen auf horizontaler Ebene, zum Beispiel zwischen Abteilungen oder Bereichen, die zu erheblichen Belastungen durch Konflikte, Reibungsverlusten sowie Effizienzproblemen führen können, sind jedoch nicht Bestandteil.

Die grundlegenden Werkzeuge, der sich MBO bedient, sind Zielvereinbarungsformulare, in denen die Ziele im Rahmen von Zielvereinbarungsgesprächen dokumentiert werden.

Unternehmen auf der ganzen Welt haben MbO eingeführt. In vielen Fällen mündete die Methode, insbesondere wenn sie mit der variablen Vergütung verbunden ist, in bürokratischen und starren Prozeduren mit viel Administrationsaufwand. Das äußert sich beispielsweise in zeitintensiven Zielvereinbarungsgesprächen, in der fleißigen Definition von Zielen und dem Ausfüllen von seitenlangen Zielvereinbarungsformularen.

Trotz des ganzen Aufwands werden die Ziele jedoch nur selten erreicht, weil sie nicht regelmäßig überprüft werden. Denn im Normalfall werden die Zielgespräche einmal im Jahr, wenn möglich im Januar geführt. Während des Jahres schlummern die vereinbarten Inhalte in Schubladen. Am Ende des Jahres wird dann die Erreichung der Ziele beurteilt – unabhängig davon, ob zwischenzeitlich etwaige Kursänderungen oder Maßnahmen notwendig gewesen wären.

Ein Beispiel aus der Praxis: Nehmen wir an, es ist Dezember und das Zielerreichungsgespräch des Vertriebsleiters mit einem seiner Außendienstmitarbeiter steht an. Der Mitarbeiter hat das vereinbarte Umsatzziel nur zu 60 Prozent erreicht. Er weiß sehr genau, wie stark davon seine variable Vergütung abhängt. Wie wird das Gespräch wohl ablaufen? Der Mitarbeiter wird viele glaubwürdige Ausreden vorbringen, weshalb es für ihn gar nicht möglich war, das vereinbarte Ziel zu erreichen. Er führt beispielsweise Marktschwierigkeiten an: »Der Wettbewerber hat ein günstigeres Produkt auf den Markt gebracht.«, oder innerbetriebliche Gründe: »Das Produktmanagement hat zu optimistisch gerechnet.« Führte der Bereichsleiter das Gespräch im gleichen Rahmen mit dem Leiter des Produktmanagements, würde er ebenfalls plausible Gründe erfahren, weshalb das Produktmanagement den Vertrieb nicht unterstützen konnte.

Dieses Beispiel zeigt wie so viele andere vergleichbare Fälle in der Praxis: MbO führt zu Problemen, Diskussionen, Zielkonflikten und vor allem zu unzureichenden Performance-Zahlen.

Interessant dabei ist, dass insbesondere Personalabteilungen an dem Zielvereinbarungssystem festhalten – wahrscheinlich, weil sie es mit viel Arbeit und Mühe eingeführt haben. Vieles spricht dafür, dass MbO nur wenig nützt. Doch nicht nur das: Es kann sogar große Schäden anrichten.

Hoshin Kanri

Hoshin Kanri ist eine Managementmethode, die ihre Ursprünge in in Japan hat. Nach dem Zweiten Weltkrieg standen viele Unternehmen dort vor dem Wiederaufbau. Man erkannte jedoch sehr schnell, dass japanische Manager völlig unzureichend qualifiziert waren. Sie kannten weder die notwendigen Managementinstrumente, noch konnten sie diese anwenden.

Infolgedessen wurden japanische Manager, Ingenieure und Studenten von US-amerikanischen Qualitätsexperten und Managementvordenkern wie Edward W. Deming, Joseph M. Juran und Peter Drucker ausgebildet. Diese Schulungen umfassten die Anwendung des PDCA-Zyklus (PDCA = Plan – Do – Check – Act) oder die Durchführung von Abweichungsanalysen, die Umsetzung des Zielplanungsprozesses sowie die Leitung von Verbesserungsinitiativen.

Insbesondere die Planungs- und Umsetzungstechniken entwickelten sie auf Basis des MbO-Ansatzes weiter und verbesserten diese kontinuierlich. Einhergehend mit der Vergabe des Deming-Preises, der besondere Leistungen im Qualitätsmanagement honorierte, verbreiteten sich Best Practices zur Zielplanung, zum Umsetzen von Verbesserungen und operativen Tätigkeiten. 1965 veröffentlichte Bridgestone Tire einen Bericht, in dem die Planungstechniken von Deming-Preis-Gewinnern analysiert wurden. Diese Techniken bekamen den Namen »Hoshin Kanri«. Hoshin bedeutet »Kompassnadel« oder sinngemäß Richtungsbestimmung. »Kanri« heißt »Management oder Steuerung. Der Begriff steht für den Prozess der Zielumsetzung, der Überprüfung und der Anpassung. Zusammengefasst lässt sich Hoshin Kanri mit »Management von Zielen und Plänen« übersetzen. Zwar wird Hoshin Kanri aufgrund seines Namens mit Japan in Verbindung gebracht, seine Wurzeln sind jedoch stark amerikanisch geprägt.

Ab 1975 verbreitete sich Hoshin Kanri zunächst weitgehend in Japan, wobei Toyota und Komatsu die im Bridgestone-Bericht veröffentlichten Planungstechniken um eigene Ansätze weiterentwickelten. In den 1980er-Jahren wurde Hoshin Kanri auch in den USA wahrgenommen. Dort verbreitete sich die Methode hauptsächlich unter dem Namen »Policy Deployment«.

Grund hierfür war, dass US-amerikanische Unternehmen wie Hewlett-Packard, Xerox und Texas Instruments enorme Erfolge bei der Steigerung ihres Gewinns und ihrer Produktivität nachweisen konnten und dies auf den Einsatz von Hoshin Kanri zurückführten. Heute ist Hoshin Kanri ein Kernbestandteil von Lean Management bzw. Lean Production.

Einige von Ihnen fragen sich vielleicht, warum Hoshin Kanri gerade jetzt aktuell wird, obwohl die Methode bereits über 50 Jahre alt ist. Eine plausible Antwort darauf ist, dass die Unternehmen dieses Managementsystem in der Vergangenheit gar nicht unbedingt preisgeben wollten, weil es langfristig ihr Wettbewerbsvorteil ist.

Die Ziele von Hoshin Kanri

Sowohl in der Literatur als auch in der Praxis lassen sich meist enorme Unterschiede im Verständnis von Hoshin Kanri feststellen. Viele Unternehmen neigen dazu, es als neues Werkzeug zu betrachten und es in ihrem Unternehmen in dem Glauben einzuführen, dass sie dadurch ihre Strategie und Ziele besser als bisher umsetzen können. Dies impliziert die Überzeugung, dass Methoden und Tools für das Ergebnis verantwortlich sind und letztlich nicht die Menschen, die diese Instrumente benutzen.

Natürlich ist es nach wie vor der Wunsch eines jeden Topmanagers, das gesamte Unternehmen konsistent an den obersten Zielsetzungen auszurichten. Deswegen verspricht man sich von neuen Methoden immer wieder vorschnell, dass genau diese der Schlüssel zum Erfolg sind. Kaum hört man etwas von ihnen, werden sie auch schon eingeführt.

Hoshin Kanri kommt sehr häufig dann zum Einsatz, wenn es notwendig ist, größere strategische Veränderungen oder sogar Durchbrüche zu bewerkstelligen. Hierfür ist es erforderlich, dass alle verfügbaren Ressourcen optimal eingesetzt und ausgerichtet werden, um diese wenigen wichtigen Ziele – auch Breakthrough-Ziele genannt – jedes Jahr zu erreichen.

Hoshin Kanri ist ein Prozess, bei dem Ziele gesetzt, konkrete Pläne zum Erreichen der Ziele erarbeitet werden und eine konsequente Umsetzung sichergestellt wird. Der eigentliche Schlüssel liegt jedoch darin, dass damit Führungsfähigkeiten entwickelt werden, die es ermöglichen, die erforderlichen signifikanten Prozessverbesserungen durchzuführen und den Umsetzungsprozess nachhaltig zu steuern.

Hoshin Kanri peilt also die folgenden drei Ziele an:

- **Ziel 1:** Wir erreichen unsere Ziele systematisch. Sie werden also nicht durch Zufall erreicht, weil sich der Märkt positiv verändert oder andere Rahmenbedingungen, sondern weil die Aktionen ursächlich darauf zurückzuführen sind.

BEISPIEL: SYSTEMATISCHE ZIELERREICHUNG

Betreiben wir intensive Marktbearbeitung, erhöht sich die Zahl der Anfragen deutlich.

Reduzieren wir Engpässe in der Produktion, erreichen wir eine stabile Liefertreue.

- **Ziel 2:** Wir schaffen einen klaren Zielfokus, weil wir die wenigen wichtigen Ziele definieren, die den Erfolg treiben. Diese Ziele werden Durchbruchziele genannt.
- **Ziel 3:** Wir haben durchgängig abgestimmte Ziele, weil wir Zielkonflikte und Silodenken auflösen.

Nun stellen Sie sich vor, dass es Ihrem Unternehmen gelingt, sich auf diese Weise auszurichten. Wie würden sich wohl die Mitarbeiter in einem solchen Unternehmen fühlen? Sicherlich besser, als sie es jetzt tun, denn sie

- werden mehr Bestätigung haben, weil sie ihre Ziele besser erreichen.
- haben einen ausgeglicheneren Arbeitstag und
- sie können reibungsloser und viel effizienter arbeiten
- All dies führt wiederum zu einer höheren Mitarbeiterzufriedenheit und Verbundenheit gegenüber dem Unternehmen.

Der Prozess

Doch wie lassen sich die Ziele erreichen, die Hoshin Kanri verfolgt? Sehen wir uns dazu den zugrundeliegenden Prozess näher an. **Hoshin Kanri** basiert auf einem durchgängigen Strategieplanungs- und -umsetzungsprozess: Ausgehend von einer Vision werden strategische Durchbruchziele in jährliche Ziele auf allen Ebenen übersetzt. Diese werden sowohl vertikal als auch horizontal abgestimmt. Anschließend werden kurzzyklisch geplante Maßnahmen zur agilen Erreichung der Ziele festgelegt.

Hier wird deutlich, was oben schon anklang: Letztendlich stehen nicht die Werkzeuge oder Tools im Vordergrund. Es geht vielmehr darum, Führungsfähigkeiten und Know-how für signifikante Prozessverbesserungen auf allen Ebenen zu entwickeln, damit die herausfordernden Ziele erreicht werden können.

Um Hoshin Kanri erfolgreich umzusetzen, ist eine starke Veränderung des Führungs- und Managementstils erforderlich, bei dem neben der Zielverfolgung insbesondere das Experimentieren und das Lernen im Vordergrund stehen.

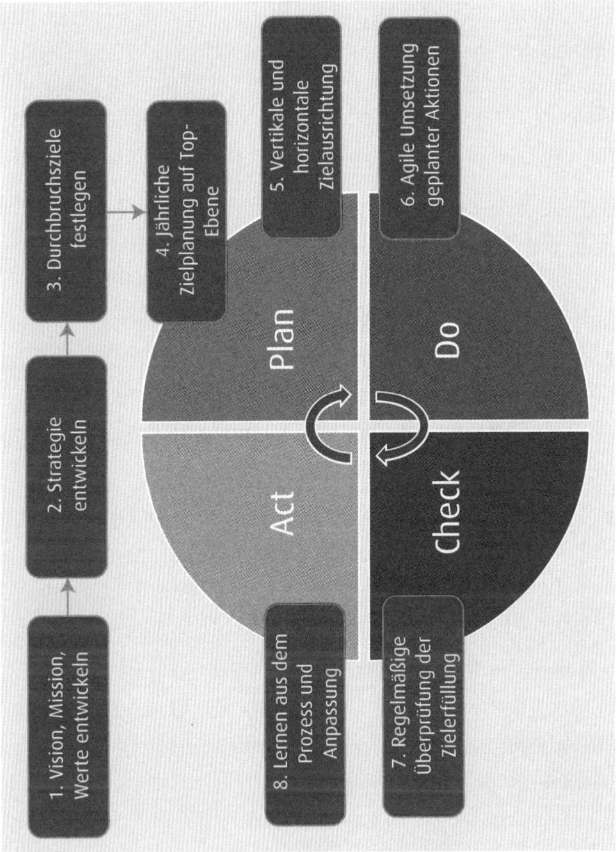

Abb. 2: *Hoshin-Kanri-Prozess*

Die Grafik zeigt den Hoshin-Kanri-Prozess, der aus acht Schritten besteht. Der Prozess beginnt auf der obersten Managementebene und setzt sich über die verschiedenen Ebenen der Organisation bis auf die unterste Ebene fort.

Die ersten drei Schritte bilden den strategischen Planungsprozess mit einer mittel- bis langfristigen Sicht auf das Unternehmen ab.

1. Im ersten Schritt werden Vision, Mission und die Unternehmenswerte entwickelt. Diese drei Elemente werden sehr häufig auch als Leitbild bezeichnet und dienen der langfristigen Ausrichtung des Unternehmens.
2. Im zweiten Schritt wird basierend auf Langfrist-Ausrichtung die Unternehmensstrategie entwickelt, die einen mittelfristigen Charakter hat. Die Unternehmensstrategie ist der Weg zur Erreichung der Vision.
3. Im dritten Schritt werden ausgehend von der Strategie Durchbruchziele festgelegt. Dies sind die obersten Unternehmensziele. Sie gelten als Ausgangsbasis für die weitere unternehmensweite Zielausrichtung.

Von den Durchbruchzielen gelangen wir in einen jährlichen Regelkreis, dessen Herzstück der Plan-Do-Check-Act-Zyklus, kurz: PDCA-Zyklus, ist. Dieser Regelkreis kann vierteljährlich oder halbjährlich definiert werden.

Die Plan-Phase besteht aus Schritt 4 und 5. Sie beinhaltet die unternehmensweite Zielplanung.

1. Im vierten Schritt findet die jährliche Zielplanung auf der Topmanagement-Ebene statt.

2. Im fünften Schritt werden die Ziele auf allen Ebenen des Unternehmens geplant und vereinbart. Die Ziele werden hier zunächst vertikal, also zwischen Hierarchieebenen, dann aber vor allem auch horizontal, zwischen den Bereichen, abgestimmt. Diese Zielausrichtung wird auch als Catchball-Prozess bezeichnet.

Auf das Plan folgt das Do. Diese Phase beinhaltet die Umsetzung der Ziele während des Jahres.

1. Hier werden im sechsten Schritt die geplanten Aktionen agil umgesetzt. Dies bedeutet, dass die Ziele in konkrete Pläne überführt und im Laufe des Jahres kurzzyklisch realisiert werden. Daraus entstehen wiederum viele kleine PDCA-Zyklen auf allen Ebenen. Die verschiedenen PDCA-Zyklen sind demzufolge auch Bestandteil der Check-Phase.
2. Im Schritt 7 werden die Ziele regelmäßig überprüft und, wenn nötig, angepasst.

BEISPIEL: ANPASSUNG DER ZIELE

Einer meiner Kunden hatte das Ziel »Expansion in den osteuropäischen Markt«. Als es an die Umsetzung ging, stellte man schnell fest, dass es dort noch gar keinen Markt für das Produkt des Kunden gab.

Indem wir uns regelmäßig die Entwicklung der Zahlen ansahen und die Aktionspläne reflektierten, waren wir schnell in der Lage, die Abweichungen und die strategischen Änderungen zu erkennen, die wir für Realisierung des Ziels benötigten.

1. Am Ende des Jahres – in Schritt 8 – wird die Qualität des letztjährigen Hoshin-Kanri-Prozesses überprüft und es werden Verbesserungsmaßnahmen in Bezug auf den Hoshin Kanri-Prozess eingeleitet. Dies ist die Act-Phase des PDCA-Zyklus. Die zugrun-

deliegende Methode ist als President's Diagnosis bekannt. In der agilen Welt kommt dies auch der Retrospektive gleich. Es findet eine Gesamtbewertung der Strategieumsetzung statt und es wird eine Neudefinition der Ziele für das nächste Jahr vorgenommen. Dann startet der neue Jahreszyklus.

> Doch Achtung: In der Praxis hat sich immer wieder gezeigt, dass es kein »Kochrezept« für die Einführung von Hoshin Kanri gibt. Es muss in Abhängigkeit vom spezifischen Unternehmenskontext angewendet werden und sich etablieren.

Wenn man sich diesen Prozess anschaut, sieht man schnell, welch großes Rad damit gedreht wird. Er erfasst die gesamte Unternehmenssteuerung, denn der Prozess startet auf der Ebene des Topmanagements und setzt sich über die verschiedenen Ebenen des Unternehmens bis auf Mitarbeiterebene fort.

Diese Komplexität schlägt sich auch in der Dauer des Prozesses wieder: Sieben Jahre dauert es ungefähr, Hoshin Kanri in einer Organisation vollständig und nachhaltig zu implementieren.

Die Grundsätze des Hoshin-Kanri-Prozesses im Überblick

- Die Basis des gesamten Prozesses ist der PDCA-Zyklus, der auf die Erreichung der Durchbruchziele ausgerichtet ist.
- Er setzt beim Topmanagement an, das eine genaue Vorstellung von der Vision und der Strategie des Unternehmens entwickeln muss.
- Danach werden die Ziele und die dafür notwendigen Aktivitäten über alle Ebenen des Unternehmens hinweg, also vertikal – aber auch zwischen Bereichen horizontal – abgestimmt.
- Die Aktionspläne für die Erreichung der Ziele werden kurzzyklisch bzw. agil verfolgt und überprüft.

Damit ist Hoshin Kanri ist eine Methode, die eine systematische sowie agile Vorgehensweise für den strategischen Planungs- und Umsetzungsprozess zur Verfügung stellt. Führungskräfte und Mitarbeiter werden dabei mithilfe von Werkzeugen befähigt, signifikante Prozessverbesserungen vorzunehmen.

Hoshin Kanri funktioniert jedoch nur dann, wenn ein hohes Maß an persönlichen Führungsfähigkeiten existiert. Manager und Führungskräfte müssen deswegen intensiv geschult und trainiert werden, da sie als Coach bzw. Mentor für ihre Mitarbeiter agieren und die Fähigkeit zum Experimentieren und zum Lernen in ihrem Team forcieren müssen.

Der Catchball-Prozess

Für viele Unternehmen ist es eine sehr große Herausforderung im Rahmen von Hoshin Kanri, den Zielplanungsprozess auf den nächsten Ebenen bis hinunter zur untersten Ebene fortzusetzen.

Die unternehmensweite Zielabstimmung wird mit einer Methodik sichergestellt, die im Rahmen von Hoshin Kanri als Catchball-Prozess bezeichnet wird.

Der Catchball-Prozess ist in erster Linie ein Kommunikationsprozess, der stark bottom-up, also von unten nach oben, getrieben ist. Er bindet die nächsten Ebenen intensiv in den Zielplanungsprozess mit ein und fördert den Dialog: Es wird eine grobe Zielrichtung vorgegeben, die Lösungen werden erarbeitet und anschließend wieder zurückgespielt.

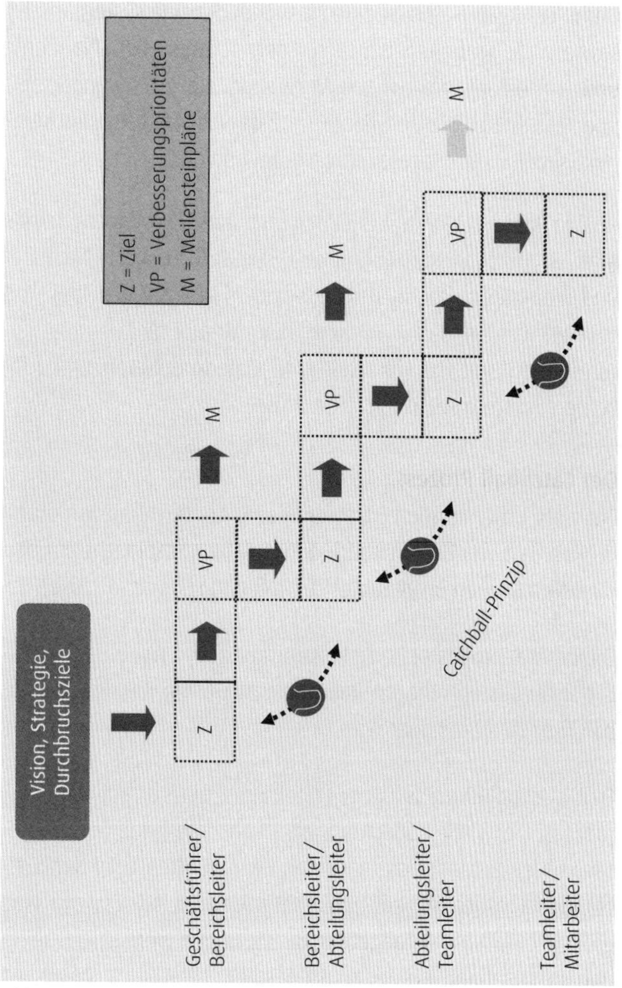

Abb. 3: *Catchball-Prozess: die Logik der Zieltransformation*

Der Prozess beginnt, indem der nächsten Ebene die Frage gestellt wird: »Wie könnt ihr das Ziel erreichen?« Daraus folgt für die Teams der Auftrag, aktiv nach möglichen Lösungen zur Erreichung des Ziels zu suchen und sich auf Indikatoren zu einigen, die sie auf ihrer Ebene beeinflussen können. Somit ist jeweils die nächste Ebene aktiv an diesem Bottom-up-Prozess beteiligt. Im Einzelnen vollzieht er sich wie folgt:

- Die ersten beiden Ebenen im Unternehmen – in der Grafik sind das die Geschäftsführung und die Bereichsleiter – legen die Jahresziele auf Basis der lang- und mittelfristigen Orientierung mit Vision, Strategie und Durchbruchszielen fest. Die Jahresziele sind mit »Z« gekennzeichnet. Außerdem erarbeiten die Bereichsleiter die Verbesserungsprioritäten, abgekürzt mit VP. Die Geschäftsführung fragt die Bereichsleiter dazu: »Wie könnt ihr die Jahresziele erreichen?« Für alle Themen, die nicht auf die nächste Ebene heruntergebrochen werden, definiert das Managementteam Maßnahmen in Form von agilen Meilensteinplänen, zum Beispiel, wenn es um die Entwicklung von Konzepten oder die Schaffung bestimmter Rahmenbedingungen geht. Soweit nichts Neues.
- Die so erarbeiteten Verbesserungsprioritäten werden nun automatisch zu den Zielen (Z) für die nächste Ebene. Nun erarbeiten die Bereichsleiter gemeinsam mit ihren Abteilungsleitern die Verbesserungsprioritäten, indem sie diese nach dem »Wie« fragen. Für alle Themen, die nicht auf die nächste Ebene heruntergebrochen werden, werden auch hier Meilensteinpläne entworfen. Die hier entwickelten Verbesserungsprioritäten werden wieder automatisch zu den Zielen (Z) für die nächste Ebene.

- Im Anschluss daran geht es eine Ebene tiefer: Hier werden die Abteilungsleiter ihre Teamleiter fragen, mit welchen Verbesserungsprioritäten sie die Ziele erreichen wollen und was ihre Meilensteinpläne sind.
- Die Verbesserungsprioritäten werden wiederum automatisch zum Ziel für die nächste Ebene. Das setzt sich fort bis hinunter zur untersten Ebene.

Die X-Matrix

Im Schritt 4 des Hoshin-Kanri-Prozesses findet die Zielplanung auf der obersten Unternehmensebene statt. Dieser Prozessschritt wird durch ein Werkzeug unterstützt, das X-Matrix heißt. Schauen wir uns dieses Tool hier einmal näher an.

Die Zielabstimmung auf oberster Unternehmensebene findet zwischen der Geschäftsführung und der Bereichsleitung statt. Hier werden die Ziele zwischen diesen beiden Ebenen abgestimmt. Man sagt dazu auch vertikale Abstimmung. Wichtig dabei ist, dass es nicht nur diese vertikale Abstimmung gibt, sondern vor allem auch eine horizontale Abstimmung zwischen den Bereichen. Denn viele Zielprozesse starten bereits hier in den Bereichssilos, ohne eine übergreifende Abstimmung der Ziele vorzunehmen. Dies mündet dann zwangsläufig in Zielkonflikten, die sich auf den nächsten Ebenen nicht mehr auflösen lassen. Genau diesem Silodenken wirkt Hoshin Kanri entgegen. Die Methode stellt sicher, dass erst diese crossfunktionale Abstimmung stattfindet, bevor Ziele auf den nächsten Ebenen geplant werden.

Die Zielplanung auf der Top-Level-Ebene besteht aus fünf Schritten, deren Ergebnisse anschließend in der X-Matrix dokumentiert werden. Die X-Matrix zeigt auf nur einem Blatt Papier alle vereinbarten Ziele und wichtigen Informationen der ersten beiden Ebenen. Der Name der Matrix stammt vom X, das das Blatt in vier separate Bereiche und einen zusätzlichen Bereich unterteilt.

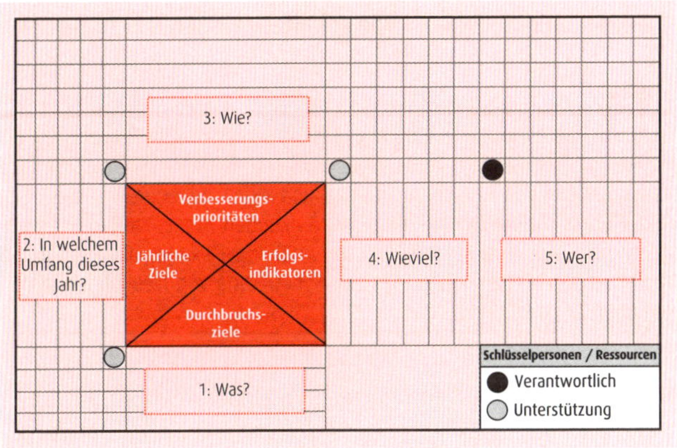

Abb. 4: *X-Matrix*

- Im unteren Quadranten – auch Sechs-Uhr-Position genannt – werden die Durchbruchsziele, symbolisiert mit »Was?«, *eingetragen.*
- Im linken Quadranten – der Neun-Uhr-Position – werden die Jahresziele eingefügt. Hier beantworten wir die Frage: In welchem Umfang wollen wir uns in diesem Jahr bewegen?

- Nachdem die Jahresziele festgelegt sind, wird oben in der X-Matrix erarbeitet, welche Verbesserungsprioritäten gesetzt werden müssen, um die Jahresziele zu erreichen. Dies ist die 12-Uhr-Position. Während bei der Zielerarbeitung das »Was« beantwortet wird, gilt es nun Antworten auf die Fragen nach dem »Wie« zu finden. Verbesserungsprioritäten sind diejenigen Schwerpunktthemen, auf die man sich konzentrieren sollte, um die Durchbruchziele zu erreichen. Im Mittelpunkt steht somit die Frage: »Wie schaffen wir den Durchbruch?«

BEISPIEL:

Wenn als Jahresziel die Steigerung des Umsatzes um 20 Prozent festgelegt wurde, könnte eine Verbesserungspriorität lauten: »Wir müssen dazu Neukunden in den Regionen Amerika und Asien generieren«. Falls noch kein Prozess für die Generierung der Neukunden in diesen Regionen besteht, dann muss die Verbesserungspriorität sogar lauten: »Definieren und Implementieren eines PROZESSES zur Generierung von Neukunden in den Regionen Amerika und Asien«.

- Schauen wir uns nun den rechten Quadranten an, die Drei-Uhr-Position. Hier gilt es Erfolgsindikatoren zu definieren, die uns die Antworten auf die Frage »Wieviel?« liefern. Um unterjährig erkennen zu können, welche wie sich die Umsetzung der Verbesserungsprioritäten auswirkt, müssen entsprechende Kennzahlen wie z. B. Durchlaufzeiten, Reaktionszeiten, Fehlerraten, definiert, beplant und regelmäßig gemessen werden. Damit sagen die Kennzahlen aus, bis wann eine bestimmte Performance durch die Umsetzung der Verbesserungsprioritäten erreicht werden soll. Sie liefern somit ein Bild über die erreichte Qualität, Kosten oder Dauer.

Die Herausforderung liegt zunächst darin, Kennzahlen zu bestimmen, die beeinflusst werden können, und über die die Verbesserungsprioritäten aktiv gesteuert werden können.

- Im nächsten Schritt werden dann für die jeweiligen Verbesserungsprioritäten Schlüsselpersonen festgelegt. Hier wird die Frage nach dem »Wer?« beantwortet. Dabei wird unterschieden in die sogenannte Hauptverantwortlichkeit und die unterstützende Verantwortlichkeit, wie wir in der Legende der Grafik sehen. Diese Festlegung macht nicht nur eine klare Zuordnung möglich, wer wofür zuständig ist. Damit wird insbesondere auch der Abstimmungsprozess bereichsübergreifend bzw. crossfunktional auf horizontaler Ebene gestartet.

Um die Zusammenhänge zwischen den vier Quadranten und den Zuständigkeiten aufzuzeigen, werden diese mit Punkten in der X-Matrix in Beziehung gebracht.

Der PDCA-Zyklus

Von William Edwards Deming, einem der Ur-Väter des Qualitätsmanagements, stammt der sogenannte Deming-Kreis. Das ist ein Regelkreis, der in vier Prozessphasen untergliedert ist: Nach **P**lan kommt **D**o, dann **C**heck und **A**ct. Die Anfangsbuchstaben dieser Phasen ergeben zusammengesetzt den Alternativnamen des Deming-Kreises: PDCA-Zyklus. Geht man nach ihm vor, setzt man abwechselnd und immer wiederkehrend auf Planungs-, Überprüfungs- und Evaluierungsphasen. Dieses Vorgehen führt zu schnellen Fortschritten in der Umsetzung.

Auch im Hoshin-Prozess spielt diese Methode eine wichtige Rolle. Nach der Zielplanung werden im gesamten Unternehmen viele kleine PDCA-Zyklen angestoßen, die kontinuierlich und Schritt-für Schritt auf dem Weg zur Zielerreichung umgesetzt werden müssen.

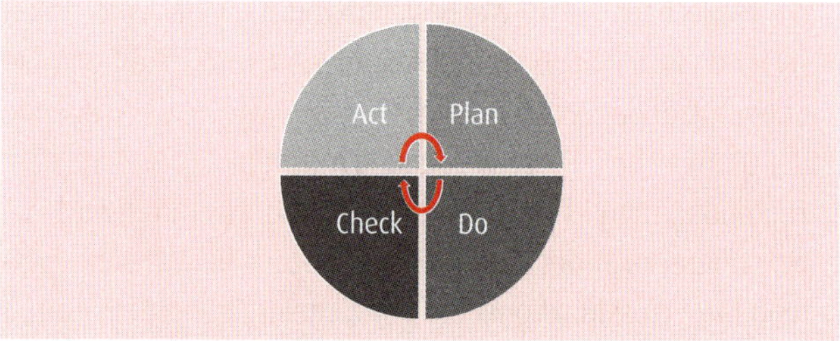

Abb. 5: *PDCA-Zyklus*

- **Plan:** In der Plan-Phase geht es um die Problemauswahl und die Planung der Verbesserungsaktivitäten. Hier wird das Problem beschrieben, es werden Informationen gesammelt und die Ist-Situation analysiert. Ebenso werden die Ziele formuliert und Maßnahmen festgelegt. Das ist der Part, den wir in der Zielplanung bereits durchlaufen haben.
- **Do:** In der Do-Phase werden die Maßnahmen unter Einhaltung des Zeit- und Ressourcenplans konsequent umgesetzt und entsprechend dokumentiert.
- **Check:** In der Check-Phase werden die Ergebnisse in Hinblick auf die Zielerreichung bewertet. Es wird geprüft, ob die eingeleiteten Maßnahmen den gewünschten Erfolg gebracht haben.

- **Act:** In der Act-Phase wird der Umsetzungsprozess reflektiert. Wenn sich der gewünschte Erfolg eingespielt hat, wird der erreichte Zustand mit Standards abgesichert. Erfolgreiche Vorgehensweisen werden also standardisiert. Wenn sich der gewünschte Erfolg nicht eingespielt hat, wird hinterfragt, welche Erkenntnisse dennoch gewonnen werden konnten. Somit wird in der Act-Phase auch das Lernen in den Vordergrund gestellt. In beiden Fällen werden Folgeaktivitäten angestoßen und ein neuer PDCA-Zyklus gestartet.

Die Schritte des PDCA-Zyklus muten zunächst sehr einfach an. Leider werden sie oft falsch angewendet. Ich sehe in Unternehmen häufig, dass z.B. die Phasen Plan, Check und Act komplett ausgelassen werden. Die Folge: Die Unternehmen verweilen permanent in der Do-Phase, was dazu führt, dass sich alle ständig in einem reinen Feuerlöschmodus befinden.

Es ist wichtig, PDCA als einen agilen Regelkreis zu verstehen. Das bedeutet:

- kontinuierliche Planung,
- kontinuierliche Überprüfung der Ergebnisse und
- kontinuierliche Neudefinition der Aktivitäten.

So entstehen Lernzyklen, die eine effektive Selbstkorrektur der Pläne ermöglichen. Stellt sich z.B. eine Aktion für ein angestrebtes Ziel als falsch heraus, wird dies in der Check-Phase erkannt. In der Act-Phase wird dazu eine regulierende Aktivität zur Korrektur definiert. Nach Act folgt wieder der erste Schritt »Plan«, um Verbesserungsbedarf zu identifizieren. Es schließen sich daran wiederum die Phasen Do, Check und Act an.

Objectives und Key Results

Die OKR-Methode geht zurück auf die 1970er Jahre, als Andy Grove, ehemaliger CEO von Intel, auf Basis des MbO-Ansatzes ein Konzept zur Umsetzung der Strategie »Wir wollen der weltweite Marktführer werden« entwickelte. Die Grundidee war es, MbO zu modernisieren und mit der SMART-Methode zu verheiraten, genauer: ein messbares Zielsystem zu entwickeln.

Exkurs: Die SMART-Methode		
S	Specific	Spezifisch ist ein Ziel dann, wenn es ganz konkret definiert ist.
M	Measurable	Um später feststellen zu können, ob das Ziel erreicht wurde, gilt es, einen messbaren Wert dafür vorzusehen.
A	Achievable	Ziele, hinter denen die Beteiligten nicht oder nur halb stehen, sind nur schwer zu erreichen. Ein Ziel muss attraktiv sein.
R	Realistic	Ein Ziel kann durchaus herausfordernd sein. Es sollte jedoch auch realistischerweise erreichbar sein.
T	Time-based	Jedes gute Ziel sieht einen Zeitpunkt vor, zu dem es erreicht sein wird.

Mit dem Mix aus MbO- und SMART-Methode sollte ein strukturierter Zielvereinbarungsprozess implementiert werden, um zu erreichen, dass alle Aktivitäten an den Unternehmenszielen ausgerichtet sind. Wesentliche Erfolgsfaktoren lagen aus Sicht Andy Groves in der Einfachheit und der Flexibilität des Ansatzes sowie in der Einbindung der Mitarbeiter.

All dies berücksichtigend formulierte er zwei simple Fragen, die es von jedem im Unternehmen zu beantworten galt: »Wo will ich hin?« (Objectives) und »Wie messe ich, ob ich mein Ziel erreicht habe?« (Key Results). Ein wesentlicher Leitgedanke dabei war das Schaffen von unternehmensweiter Transparenz: Jeder im Unternehmen sollte mittels einer OKR-Liste einen Einblick in alle OKR haben.

Um mehr Planungsflexibilität zu schaffen, war Grove noch ein weiterer Aspekt wichtig: Die OKR werden lediglich für das nächste Quartal festgelegt und geplant, anschließend im Rahmen von wöchentlichen Reviews auf Fortschritt überprüft und am Ende des Quartals wieder neu definiert.

Ursprünglich war OKR ein Ansatz speziell für Start-up-Unternehmen, mittlerweile beschäftigen sich jedoch zahlreiche Unternehmen unterschiedlicher Größenordnungen weltweit mit der OKR-Methode.

Balanced Scorecard

Die Balanced Scorecard, kurz: BSC, wurde Anfang der 1990er-Jahre von Robert S. Kaplan und David P. Norton an der Harvard-Universität entwickelt. Sie hatten festgestellt, dass Unternehmen in der Regel anhand von finanziell orientierten kurzfristigen Zielen wie Ergebnis, Umsatz und Kosten gesteuert werden. Solche Ziele sind jedoch das Ergebnis vergangener Aktivitäten. Sie können deswegen in Gegenwart und Zukunft auch meist nicht mehr beeinflusst werden.

Unternehmerische Potenziale sowie langfristige Lebens- und Wettbewerbsfähigkeit wurden aus Sicht von Kaplan und Norton dagegen zu wenig berücksichtigt. Deswegen empfahlen sie für eine ausgewogene bzw. ausbalancierte Unternehmenssteuerung, auch die Treiber bzw. Vorlaufindikatoren des zukünftigen Erfolgs zu erfassen. Sie ergänzten die vorherrschende finanzielle Perspektive um drei weitere nichtmonetäre Aspekte: Kunden, Prozesse und Mitarbeiter. Ebenso wie der finanzielle Erfolg sollten diese Elemente über messbare Ziele gesteuert und der aktuelle Stand regelmäßig auf einer Anzeigentafel (Scorecard) angezeigt werden. Eine sogenannte Strategy Map sollte die Vielfalt der Ziele und deren Zusammenhänge transparent darstellen.

Im Gegensatz zu Unternehmensleitbildern versucht die BSC damit, die Erreichung von strategischen Zielen messbar und über die Ableitung von Maßnahmen umsetzbar zu machen: »Translating strategy into action« war der Slogan von Kaplan und Norton.

Ende der 1990er-Jahre entstand ein regelrechter Hype um BSC. Weltweit führte man die BSC-Methode in den Unternehmen ein und versuchte, die gesamte Organisation mittels Scorecards auszurichten. Dass diese Versuche häufig scheiterten, lag vor allem an dem hohen administrativen Aufwand, den die Zielverfolgung und das Reporting erforderten.

Das Beste: ein Mix aus allen Managementsystemen

Schaut man sich die Elemente der hier aufgezeigten Managementsysteme an, kommt man schnell auf einen gemeinsamen Nenner. Kurzgefasst geht es in allen Methoden darum, die Organisation an den Unternehmenszielen auszurichten und sicherzustellen, dass möglichst alle Beteiligte kontinuierlich an der Erreichung dieser Ziele arbeiten – wohlwissend, dass natürlich jedes Managementsystem die eine oder andere Besonderheit mit sich bringt.

Erst die Kombination von OKR mit Vorteilen anderer Managementsysteme macht die Methode stark. Welche Elemente Sie wann und wie verwenden? Pauschal lässt sich darauf keine Antwort finden. Es hängt von der Situation, der Struktur und der Kultur Ihres Unternehmens ab. Deswegen werde ich auch in diesem TaschenGuide an den entsprechenden Textstellen mögliche Verbindungen zu anderen Managementsystemen aufzeigen.

OKR und Agilität

Wir leben in einer Welt, die geprägt ist von raschem Wandel, zunehmendem Wettbewerb und disruptiven Entwicklungen. Unbestritten müssen Unternehmen im heutigen Marktumfeld ihre Strukturen und Prozesse anders als bisher aufsetzen. Wissen, Flexibilität, Digitalisierung, Reaktionsfähigkeit sind die Erfolgsfaktoren der Zukunft. Ansätze aus dem Taylorismus im

Sinne einer starren Betriebssteuerung haben heute keine Überlebenschance mehr.

Dies ist auch der Grund dafür, warum OKR gerade in den letzten Jahren an Bedeutung gewonnen hat. Die Methode unterstützt Unternehmen darin, agiler auf Änderungen reagieren zu können. OKR soll eine agile und flexible Unternehmenssteuerung ermöglichen. Doch was ist Agilität genau? Was steckt alles in diesem Begriff?

Die agilen Werte

2001 wurde ein sogenanntes Agiles Manifest verfasst. 16 Softwareentwickler legten dort die Prinzipien und Werte für ein agiles Framework fest, nachdem sie festgestellt hatten, dass nach dem klassischen Wasserfallmodell-Modell gemanagte Projekte regelmäßig scheiterten. Was als kleine Bewegung begann, hat sich mittlerweile in vielen Unternehmen dauerhaft etabliert: das agile Arbeiten. Mittlerweile spielen die agilen Grundsätze nicht nur im Projektmanagement, sondern auch in der Organisationsentwicklung, in Prozessen und in der Führung eine große Rolle.

Das Agile Manifest – Auszug

Wir erschließen bessere Wege, Software zu entwickeln, indem wir es selbst tun und anderen dabei helfen. Durch diese Tätigkeit haben wir diese Werte zu schätzen gelernt:

- Individuen und Interaktionen mehr als Prozesse und Werkzeuge
- Funktionierende Software mehr als umfassende Dokumentation

Das Agile Manifest – Auszug

- Zusammenarbeit mit dem Kunden mehr als Vertragsverhandlung
- Reagieren auf Veränderung mehr als das Befolgen eines Plans

Das heißt, obwohl wir die Werte auf der rechten Seite wichtig finden, schätzen wir die Werte auf der linken Seite höher ein.

Die agilen Prinzipien

Die im Agilen Manifest verankerten Werte sind konkretisiert durch 12 agile Prinzipien.

Die 12 Ur-Prinzipien agilen Arbeitens
Wir folgen diesen Prinzipien:
Unsere höchste Priorität ist es, den Kunden durch frühe und kontinuierliche Auslieferung wertvoller Software zufrieden zu stellen.
Heiße Anforderungsänderungen selbst spät in der Entwicklung willkommen. Agile Prozesse nutzen Veränderungen zum Wettbewerbsvorteil des Kunden.
Liefere funktionierende Software regelmäßig innerhalb weniger Wochen oder Monate und bevorzuge dabei die kürzere Zeitspanne.
Fachexperten und Entwickler müssen während des Projektes täglich zusammenarbeiten.
Errichte Projekte rund um motivierte Individuen. Gib ihnen das Umfeld und die Unterstützung, die sie benötigen und vertraue darauf, dass sie die Aufgabe erledigen.
Die effizienteste und effektivste Methode, Informationen an und innerhalb eines Entwicklungsteams zu übermitteln, ist im Gespräch von Angesicht zu Angesicht.
Funktionierende Software ist das wichtigste Fortschrittsmaß.
Agile Prozesse fördern nachhaltige Entwicklung. Die Auftraggeber, Entwickler und Benutzer sollten ein gleichmäßiges Tempo auf unbegrenzte Zeit halten können.

Die 12 Ur-Prinzipien agilen Arbeitens
Ständiges Augenmerk auf technische Exzellenz und gutes Design fördert Agilität.
Einfachheit – die Kunst, die Menge nicht getaner Arbeit zu maximieren – ist essenziell.
Die besten Architekturen, Anforderungen und Entwürfe entstehen durch selbstorganisierte Teams.
In regelmäßigen Abständen reflektiert das Team, wie es effektiver werden kann und passt sein Verhalten entsprechend an.

Überträgt man diese stark auf die Softwareentwicklung zugeschnittenen Grundsätze auf andere Bereiche, ergeben sich folgende Aspekte, die das agile Arbeiten kennzeichnen. Wer sie sich näher anschaut, wird feststellen, dass sie nichts radikal Neues sind.

Keep it simple

Den Aufwand so gering wie möglich halten und teure Mehrarbeit vermeiden – das Prinzip der Einfachheit begegnet uns auch bei anderen Ansätzen. Im Agilen Projektmanagement wird es mit diversen Techniken und Methoden umgesetzt. So werden erste Produktversionen möglichst einfach gehalten, um sie dann, orientiert am tatsächlichen Bedarf des Kunden, nachzuschärfen und zu optimieren.

Kundenorientierung

Wer in einem Projekt lediglich mitgeteilt bekommt, was er umzusetzen hat, aber nicht weiß, wozu diese Umsetzung dient, läuft Gefahr, am Bedürfnis des Kunden vorbeizuarbeiten. Ein wichtiges agiles Prinzip ist daher, eng mit dem Kunden zusammenzuarbeiten und in möglichst kurzen Abständen abzugleichen, ob die bisherige Entwicklung seinen Wünschen entspricht. Der Kunde bekommt deswegen auch frühzeitig Teilprodukte präsentiert, um zu analysieren, ob sie seinen Erwartungen entsprechen.

Die konsequente Ausrichtung der Projekt- und Alltagsarbeit auf die Bedürfnisse der Kunden ist definitiv nicht neu. Sie wird in allen Managementsystemen propagiert, die in den letzten Jahrzehnten en vogue waren – unabhängig davon, ob diese KVP, TQM, Kaizen, Six Sigma oder Lean Management hießen. Inwieweit dieser Anspruch im Betriebsalltag auch gelebt wird, ist jedoch eine andere Frage.

Selbstbestimmung und Eigenverantwortung für Mitarbeiter bzw. Teams

Ähnlich verhält es sich bezogen auf die geforderte weitgehende Übertragung der relevanten Entscheidungsbefugnisse auf die Mitarbeiter bzw. Teams, sodass diese im Arbeitsalltag selbstbestimmt und eigenverantwortlich handeln können. Auch dies ist ein zentrales Element aller vorgenannten Managementsysteme. Ebenso ist es mit der Forderung, dass sich die Führungskräfte als Coaches bzw. Befähiger und Ermächtiger ihrer Mitarbeiter verstehen sollten. Auch dazu wurden in vielen Unternehmen schon umfangreiche Initiativen ergriffen. Inwieweit sie Früchte trugen, ist wiederum eine andere Frage.

Selbstbestimmung und Eigenverantwortung bedeuten insbesondere, dass das Team bzw. der Einzelne

- sich selbst realistische Ziele setzt;
- den Aufwand der von ihm zu erledigenden Aufgaben selbst einschätzt;
- selbst entscheidet, welches To-do es angeht;
- andere im Team nach eigenem Ermessen unterstützt.

Unmittelbare Kommunikation

Eine E-Mail schreiben oder zum Hörer greifen? Im Agilen Projektmanagement wählt man im Zweifel stets die direkte Kommunikation. Sie hilft dabei, Missverständnisse und Fehlinterpretationen sowohl in der Zusammenarbeit im Team als auch mit den Kunden zu vermeiden. Auch regelmäßige Meetings, wie z.B. Stand-up Meetings oder Retrospektiven (siehe dazu Kapitel »Der Umsetzungsprozess«) in kurzen Abständen zahlen auf dieses Prinzip ein.

Bereichs- und funktionsübergreifende Zusammenarbeit

Und wie sieht es mit der bereichs- und funktionsübergreifenden Zusammen- und Teamarbeit aus, um das übergeordnete Ziel zu erreichen? Dass dies betreffend noch oft ein großes Manko in den Unternehmen besteht, belegen viele Studien. Zwar wird eine solche Kooperation bei manchen Managementsystemen wie Hoshin Kanri bzw. Policy Deployment gefordert. In den meisten Unternehmen wurden jedoch primär die Zusammen- und Teamarbeit in den einzelnen Bereichen optimiert.

Bereichs- und funktionsübergreifend wurden aus den Schnittstellen – anders als oft postuliert – keine Nahtstellen. Sie blieben Schnittstellen, und das Bereichs- bzw. Silodenken wurde selten durchbrochen. Gerade in der bereichsübergreifenden und crossfunktionalen Zusammenarbeit ruhen denn auch noch zahlreiche ungenutzte Potenziale, wenn es um das Steigern der Agilität, also Reaktionsgeschwindigkeit und Effektivität der Unternehmen geht. Diesbezüglich sollten viele Unternehmen neben ihrer Struktur und Kultur auch Auswahlkriterien für Führungskräfte überdenken und sich zum Beispiel fragen: Sind sie die bereichsübergreifenden Team- und Networker, die wir künftig brauchen?

Inkrementelle Arbeitsweise

Die inkrementelle Arbeitsweise zeichnet sich dadurch aus, dass Projekte nicht vorab in allen Details, sondern schrittweise, in sogenannten Sprints, geplant werden. Den Kunden werden im Prozessverlauf regelmäßig sogenannte Inkremente – also (Teil-) Lösungen – präsentiert, die diese bereits nutzen. Ein Vorteil daraus: Teure Fehlentwicklungen werden aufgrund rascher Feedbackschleifen schnell erkannt. Die inkrementelle Arbeitsweise ist damit insbesondere bei komplexeren Vorhaben durchaus erstrebenswert.

Die Frage ist, ob sie in allen Branchen und Unternehmensbereichen realisierbar ist. Bei der Entwicklung und Produktion von Software ist dies sicher der Fall. Ein Softwareunternehmen oder der IT-Bereich eines Unternehmens kann an seine Kunden die

Alpha-Version einer Software ausliefern – zumal diese als digitales Produkt leicht distribuierbar ist. Er kann ihnen empfehlen: »Arbeitet schon mal damit und sammelt damit Erfahrung; die Beta-Version der Software wird dann auch die Funktionen a, b und c enthalten.« Anders ist dies bei der Produktion von Tütensuppen. Ein Tütensuppenhersteller kann zu seinen Kunden nicht sagen: »Ich liefere euch heute schon mal den Suppenextrakt, die Verpackung bekommt ihr in ein paar Wochen.« Und ein Autoproduzent? Er kann zu seinen Kunden nicht sagen: »Ich liefere euch schon mal den Motor – zum Ausprobieren. In drei Monaten folgen dann die Kupplung und Bremse und in sechs Monaten die Karosserie.« Ebenso kann er sich Bugs beim Betrieb nicht leisten – zumindest, wenn er teure Rückrufaktionen und Schadensersatzklagen vermeiden möchte. Insofern muss sowohl bei der Produktion von Tütensuppen als auch von Autos oder allgemein bei der Produktion industriell gefertigter (Massen-)Produkte gefragt werden:

- Inwieweit ist in diesem Fall eine inkrementelle Arbeitsweise überhaupt möglich (und nötig)?
- Was heißt agiles Arbeiten in diesem Kontext oder in welchen Verhaltensweisen zeigt es sich?

Als Schlussfolgerung daraus können wir festhalten: Nur weil sich eine Arbeitsweise bei der Entwicklung und Produktion von Software bewährt hat, lässt sich diese nicht eins zu eins auf alle Branchen und Unternehmensbereiche übertragen.

Iteratives Vorgehen mit sich wiederholenden Reflexionsschleifen

Das iterative, schrittweise Vorgehen ist charakteristisch für das agile Arbeiten. Insbesondere bei komplexen Projekten und Vorhaben werden in den Prozess Reflexionsschleifen eingebaut, um aus den bereits gesammelten Erfahrungen und neu gewonnenen Informationen Schlüsse für das weitere Vorgehen zu ziehen.

Doch auch dieses Verfahren ist sicher nicht neu! Nehmen wir zum Beispiel den PDCA-Zyklus, der in den 1930er Jahren von William Edwards Deming und Walter Andrew Shewhart entwickelt wurde. Er gilt als einer der bekanntesten Werkzeuge zur Qualitätsverbesserung. Das Ziel des PDCA-Zyklus ist es, durch das Durchlaufen der vier Phasen (Plan – Do – Check – Act) einen kontinuierlichen Verbesserungsprozesses zu etablieren. Individuen oder Arbeitsteams durchlaufen den Prozess, wenn sie ein Problem oder eine für die Zielerreichung relevante Verbesserungschance erkannt haben und führen Experimente zur Verbesserung durch. Nach der Reflexionsphase wird jeweils ein neuer PDCA-Zyklus gestartet, mit dem Ziel, einen neuen Standard im Unternehmen zu etablieren, der als Basis für weitere Verbesserungen dient.

> Passt das agile Arbeiten zum jeweiligen Projekt oder Vorhaben? Stellen Sie agile Prinzipien stets auf Neue auf den Prüfstand.

Das passende Framework wählen

Für die agile Skalierung, also das Einführen der agilen Methoden, werden im Markt verschiedene Frameworks, sprich Konzepte angeboten – zum Beispiel LeSS, Scrum@Scale und SAFe. Diese liefern jedoch alle keine Blaupause für das gesamte Unternehmen.

Dass in einer gesamten Organisation agile Strukturen geschaffen und agile Arbeitsweisen eingeführt werden, ist bei größeren Unternehmen, die im Gegensatz zu vielen Start-ups keine reinen Entwicklungsorganisationen sind, jedoch auch meist nicht nötig. Unverzichtbar ist es jedoch, dass bereichs- und hierarchieübergreifend ein gemeinsames Grundverständnis dafür geschaffen wird, warum ein agiles Arbeiten sowie eine interdisziplinäre und crossfunktionale Zusammenarbeit für das Entwickeln und Realisieren innovativer, komplexer Problemlösungen in einer von rascher Veränderung geprägten Welt nötig sind. Es gilt also, eine entsprechende Unternehmens- und Führungskultur zu entwickeln. Dies kann nur mit tatkräftiger Unterstützung durch die Unternehmensspitze gelingen. Das führt uns direkt zum OKR-Framework, das den Rahmen für genau diese Anforderungen bildet.

Das OKR-Framework

Das OKR-Framework ist in der Abbildung überblicksartig dargestellt (die einzelnen Elemente und die damit verbundenen Werkzeuge erläutere ich in den folgenden Kapiteln im Detail).

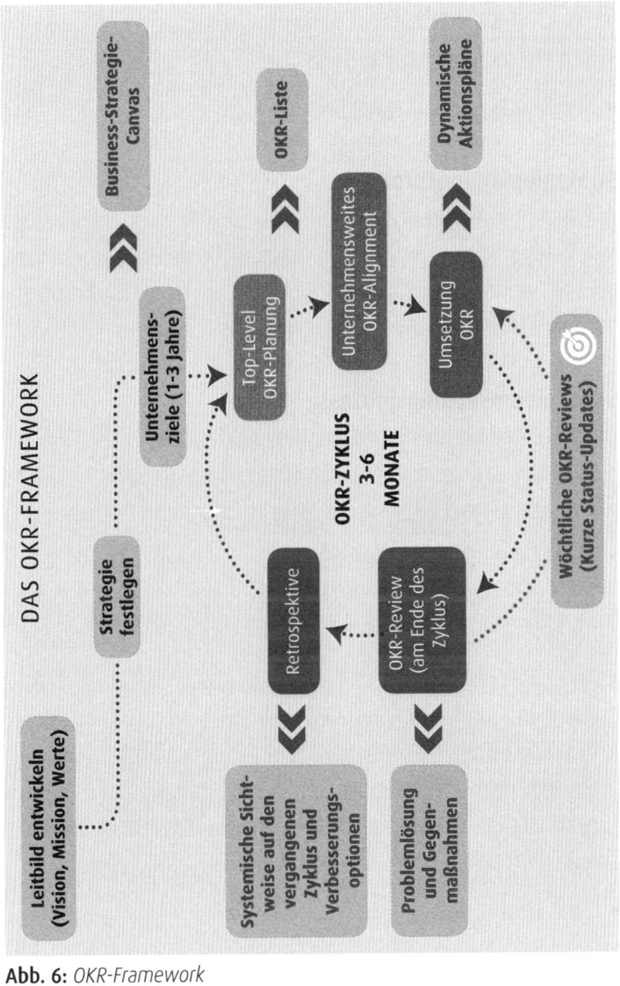

Abb. 6: *OKR-Framework*

Generell geht es um zwei Prozesse:

- den Strategieplanungsprozess und
- den Strategieumsetzungsprozess.

Strategieplanungsprozess

Die ersten drei Schritte bilden den Strategieplanungsprozess mit einer mittel- bis längerfristigen Sicht des Unternehmens ab. Hier werden Leitbild (Vision, Mission und Werte), die Unternehmensstrategie sowie strategische Ziele definiert.

Strategieumsetzungsprozess

Anschließend geht es in die Strategieumsetzung, deren Herz typischerweise ein quartalsweise ablaufender Regelkreis – manchmal aber auch ein bis zu sechs Monate dauernder Prozess – ist.

- Zunächst werden die Quartalsziele, die sogenannten OKR, auf Top-Level geplant und anschließend innerhalb der Organisation aufeinander abgestimmt (OKR-Alignment).
- Anschließend werden die Ziele umgesetzt und deren Zielerreichung innerhalb der Quartale regelmäßig überprüft. Am Quartalsende erfolgen eine Gesamtbeurteilung und ggf. Neudefinition der nächsten Quartalsziele. Zusätzlich werden zu diesem Zeitpunkt die Qualität des OKR-Prozesses des letzten Quartals reflektiert und Verbesserungsmaßnahmen eingeleitet.
- Dann startet der nächste Quartalszyklus.

Der OKR-Prozess setzt idealerweise auf dem Leitbild des Unternehmens und der damit zusammenhängenden strategischen Ausrichtung auf.

Auf einen Blick: Die Grundlagen

- OKR ist keine neue Methode. Sie garantiert auch nicht automatisch langfristigen Erfolg. Damit sich dieser einstellt, braucht es eine konsequente Planung, Umsetzung und Implementierung und den Umsetzungswillen der Mitarbeiter und Teams.
- Ob Management by Objectives, Hoshin Kanri oder Balanced Scorecard – jedes Managementsystem hat Vor- und Nachteile und bedient sich aus dem Werkzeugkasten anderer Methoden. Das gilt auch für OKR.
- OKR enthält viele Elemente aus dem agilen Projektmanagement: Es setzt zum Beispiel auf Kundenorientierung, die Selbstorganisation von Teams und auf eine inkrementelle Arbeitsweise.
- OKR gelingt nur, wenn es sein Fundament auf eine agile Unternehmens- und Führungskultur gründet. Das OKR-Framework schafft den Rahmen für genau diese Anforderungen.

Der strategische Planungsprozess

In einer Geschäftswelt, die dem permanenten Wandel unterworfen ist, gestaltet sich Planung schwierig. Ist es besser auf Sicht zu fahren oder doch ganz klassisch weiterhin langfristig zu planen?

In diesem Kapitel erfahren Sie, wie Planung in der OKR-Methode funktioniert, so unter anderem

- in welchem Zeitrahmen Sie sich bewegen sollten,
- was eine gute Strategie ausmacht,
- wie Ihnen das Business Strategie Canvas dabei hilft.

Strategieplanung auf Sicht oder doch lieber längerfristig?

Eine Frage, die im Rahmen von OKR immer wieder diskutiert wird, ist: Brauchen wir überhaupt eine längerfristige Ausrichtung und wenn ja, auf welche Zeitspanne soll sie ausgelegt sein? Grundsätzlich verfolgt ja die OKR-Methode den Grundsatz, die Ziele lediglich bis auf das nächste Quartal auszulegen.

Ich kenne einige Unternehmen, die strikt diesem Grundsatz gefolgt sind. Nach einiger Zeit mussten die meisten von ihnen jedoch einräumen, dass sie mit einer ausschließlich kurzfristigen Sicht nicht zurechtkamen. Sie stellten fest, dass ihnen eine längerfristige Ausrichtung zur grundsätzlichen Steuerung fehlte. Google beispielsweise verwendete anfangs ebenfalls quartalsweise OKR, switchte dann aber zu einem jährlichen Prozess.

Häufig empfinden Unternehmen das quartalsweise Vorgehen auch als Blindflug. Stellen Sie sich vor, Sie gehen nachts mit einer Taschenlampe durch den Wald. Sie sehen immer nur soweit, wie der Lichtkegel das direkte Umfeld ausleuchtet – weiter erst einmal nicht. Ähnlich geht es Unternehmen, die ihre Ziele an einem quartalsweisen Horizont ausrichten.

Ich empfehle meinen Kunden, auf jeden Fall eine mittelfristige Planung zu machen, die auf die nächsten ein bis drei Jahre ausgerichtet ist. Nur quartalsweise zu planen, greift meiner Erfahrung nach zu kurz.

Noch vor circa 15 Jahren waren Strategien auf zehn Jahre ausgerichtet. Heutzutage sind sie auf circa ein bis drei Jahre ausgelegt.

Was gute Strategien ausmacht

Wie intensiv sollte man in den Strategieplanungsprozess einsteigen? Welche Elemente sollten dafür im Rahmen von OKR durch das Unternehmen ausgearbeitet werden? Diese Fragen sind im Einzelfall oft gar nicht so leicht zu beantworten, zumal es zum Thema Strategieplanung/-entwicklung unzählige Theorien, Methoden und Werkzeuge gibt.

Die Praxis zeigt, dass Unternehmen tatsächlich sehr unterschiedliche Methoden und Terminologien im Rahmen ihrer Strategiearbeit verwenden. Folglich kursieren organisationsintern sehr verschiedene Versionen und Dateien zur strategischen Ausrichtung. Hinzu kommt häufig eine mangelnde inhaltliche Qualität der Ausarbeitung. Insbesondere wenn strategische Aussagen einer Organisation eins zu eins auf andere völlig branchenfremde Unternehmen übertragen werden können, sollten Sie stutzig werden.

Leitbild, Vision, Mission, Werte – viele Begriffe, noch mehr Auslegungen

Begriffe wie Leitbild, Vision, Mission, Werte, Strategie sind schon seit Langem in Wissenschaft und Unternehmenspraxis allgegenwärtig. Umso erstaunlicher ist es, wie schwer Unternehmen häufig die Arbeit an der eigenen Unternehmensstrategie fällt. Eine Ursache dafür könnte die unterschiedliche Auslegung der Begrifflichkeiten sein, die nicht selten zu Verwirrung führt. Während zum Beispiel in vielen Unternehmen eine Vision das langfristige Ziel der Zukunft ist, ist genau dies für andere Unternehmen eine Mission.

Nicht selten suchen Unternehmen bei externen Agentur- oder Beratungshäusern die Qualität in der Strategieerarbeitung, die sie vermeintlich selbst nicht leisten können. Ergebnis sind umfangreiche, im Detail ausgearbeitete Konzepte, die fern von jeglicher Umsetzungspraktikabilität sind. Durch teuer erstellte Hochglanzbroschüren erhofft man sich dann eine Verankerung dieser Strategie innerhalb der Organisation. Leider tritt in der Realität genau das Gegenteil dessen ein: die teuer bezahlte Strategie verpufft im Nichts.

Meine Standardfragen in vielen Workshops sind: »Wie lautet Ihre Unternehmensvision?«, oder: »Was sind Ihre Unternehmenswerte?«. Die Antworten sind durch die Bank ernüchternd. Kaum ein Team hat Antworten darauf bereit und wenn doch, dann in sehr unterschiedlichen Ausführungen.

Checkpoints für eine »gute« Strategie als Ausgangsbasis

Eine gute Strategie erkennen Sie an folgenden Merkmalen:

- Die Strategie enthält Aussagen zu Alleinstellungsmerkmalen.
- Die Alleinstellungsmerkmale sind quantifiziert.
- Es sind maximal vier Stoßrichtungen definiert.
- Die Stoßrichtungen heben sich signifikant vom heutigen Geschäftsmodell ab.
- Die Strategie bezieht sich auf die nächsten drei bis fünf Jahre.

Business Strategy Canvas: alles auf einen Blick

Um Unternehmen die Strategiearbeit zu erleichtern, habe ich das Business Strategy Canvas entwickelt. Es bildet die wesentlichen Aspekte der zu erarbeitenden strategischen Ausrichtung eines Unternehmens auf einer Seite ab und enthält klare sowie eindeutige Definitionen.

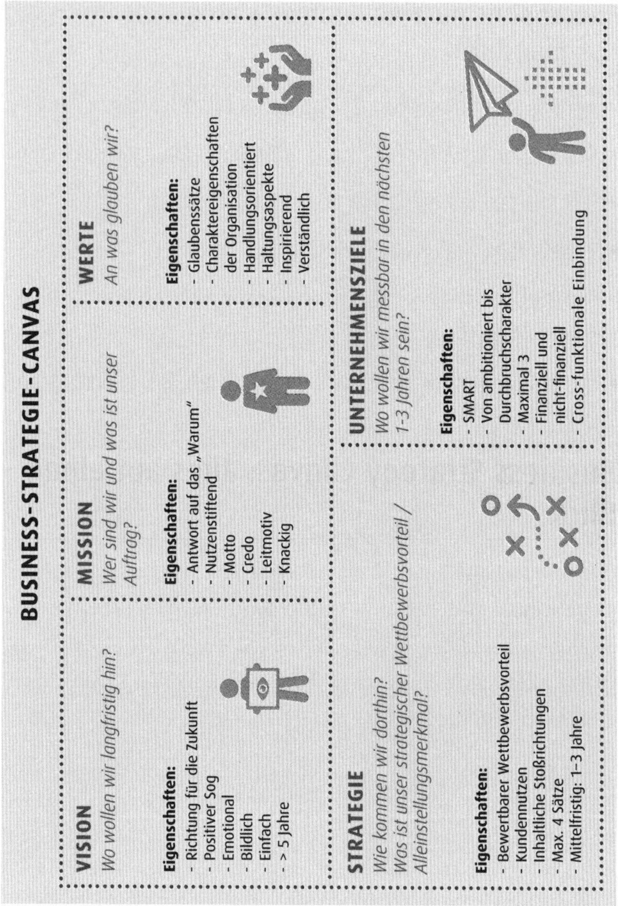

Abb. 7: *Business Strategy Canvas*

Vision: Wo wollen wir hin?

Starten wir bei der Vision. Was ist eine Vision? Die Vision ist das Zukunftsbild eines Unternehmens. Sie soll einen positiven Sog auf die Menschen im Unternehmen ausüben und die Belegschaft inspirieren, an der Vision mitzuarbeiten. Dabei sollten nicht die Ziele und Absichten von Unternehmenslenkern im Vordergrund stehen, wie zum Beispiel »Wir wollen Marktführer werden«, sondern die Vision sollte darauf abzielen, welchen Nutzen das Unternehmen im Umfeld und in der Gesellschaft stiften möchte.

Bildlich ausgedrückt ist die Vision ein Leitstern, der dem Unternehmen Orientierung auf dem Weg in eine bestimmte Richtung schenkt.

Beispiele für legendäre Unternehmensvisionen:

- Wikipedia: «Imagine a world in which every single person is given free access to the sum of all human knowledge«, übersetzt in etwa: »Stellen Sie sich eine Welt vor, in der jeder einzelne Mensch freien Zugang zum gesamten menschlichen Wissen hat.«
- Microsoft: »A personal computer in every home running Microsoft software.«, übersetzt in etwa: »In jedem Zuhause ein PC, der mit Microsoft Software läuft.«
- Wal Mart: «To give ordinary people the opportunity to buy the same things as rich people.«, übersetzt in etwa: »Einfache Menschen sollen die gleichen Dinge kaufen können wie Wohlhabende.«

Eine weitere Frage im Zusammenhang mit der Formulierung einer inspirierenden Vision lautet: Auf welchen Zeithorizont sollte sie ausgelegt sein? Auch hier erfahren wir in der Praxis unterschiedliche Ansätze.

Der Hersteller von Montagesystemen für Solaranlagen (siehe die folgende Abbildung) hat für sich beispielsweise eine Vision definiert, die unendlich ist. Das Unternehmen weiß, dass es seine Vision wohl nie erreichen wird, aber die Vorstellung, dass »jede Solaranlage dieser Welt die eigenen Montagesysteme nutzt«, soll als die grundlegende Antriebsfeder für eine kontinuierliche Verbesserung gelten.

Wenn die Vision für die Mitarbeiter greifbarer und erreichbar sein soll, bietet sich ein begrenzter Zeitraum an, wie zum Beispiel die nächsten 10 bis 20 Jahre.

In diversen Vision-Workshops habe ich die Erfahrung gemacht, dass es für viele Unternehmen eine der schwierigsten Aufgaben ist, eine wirklich gute Vision zu entwickeln. Der Grund dafür liegt vor allem darin, dass es den Beteiligten oft nicht leichtfällt, aus dem Stand »out of the Box« zu denken: Gerade eben waren sie noch verhaftet im Tagesgeschäft und nun steht die Teilnahme am Vision-Workshop an. Das Führungsteam trifft sich, führt ein Brainstorming durch, clustert die Ideen und aus dem gemeinsamen Nenner wird die Vision definiert. Unweigerlich kommt als Ergebnis etwas heraus, was sich nicht grundsätzlich vom bisherigen Handeln unterscheidet. Das Managementteam geht auseinander und man arbeitet weiter wie bisher.

Abb. 8: *Beispiel eines Business Strategy Canvas*

Geniale Ideen kommen den Beteiligten eben nicht mal einfach so zwischendurch. Um diese zu entwickeln bzw. zu generieren, braucht es die passenden Qualifikationen oder zumindest hilfreiche Tools.

> Verschwenden Sie keine Zeit und Mühe in klassischen Vision-Workshops. Verwenden Sie Methoden wie zum Beispiel Lego® Serious Play und versetzen Sie Ihre Führungsmannschaft in die Lage, sich ihre zukünftige Welt selbst zu bauen.

Mission: Was ist unser Auftrag?

Die Mission beschreibt den Auftrag eines Unternehmens und dessen Zweck. Im Unterschied zur Vision ist die Mission eher leistungs- und produktorientiert definiert.

Simon Sinek (https://www.youtube.com/watch?v=qp0HIF3SfI4) entwickelte vor rund einem Jahrzehnt den Goldenen Kreis (Golden Circle). Seine Überzeugung: Start with WHY! Bevor man sich mit dem Was und dem Wie beschäftigt, sollte man immer erst klären, warum man etwas macht.

Dieses Prinzip gilt nicht nur bei der Produktentwicklung, sondern im gesamten Unternehmenskontext und auch bei der Suche nach der Mission. Die Praxis sieht häufig ganz anders aus. Unternehmen beginnen nicht beim Warum.

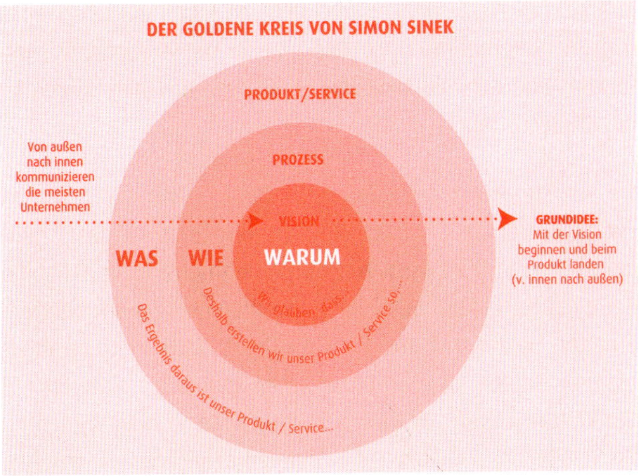

Abb. 9: *Golden Circle*

Sie starten beim äußeren Kreis, indem sie die Frage nach dem »Was?« beantworten. Zum Beispiel: »Wir stellen Montagesysteme für Solaranlagen her.« Anschließend stellen sie die Frage nach dem »Wie?« und beantworten diese beispielweise mit: »Wir sind besser und schneller als der Wettbewerb.« Die Frage nach dem Kern des Unternehmens, also dem »Warum?«, spielt oft nur am Rande eine Rolle. Die lapidare Antwort auf das Warum lautet dann auch nur allzu häufig, dass Sinn und Zweck des Unternehmens darin liegen, einen finanziellen Erfolg zu erreichen.

Sinek jedoch behauptet, dass alle inspirierenden Führungspersönlichkeiten und nachhaltig erfolgreichen Organisationen anders an die Findung ihrer Mission herangehen und dass sie in ähnlicher Weise denken, handeln und kommunizieren – das trifft für Unternehmen wie Google oder Apple ebenso zu wie für charismatische Persönlichkeiten wie Martin Luther King oder die Brüder Wright.

Sie alle stellen bzw. stellten nicht das Ergebnis, sondern den Zweck in den Mittelpunkt. Geld zu verdienen ist das Ergebnis, aber nicht der Zweck eines Unternehmens. Vielmehr sollte der eigentliche Kern beschrieben werden und warum sich Mitarbeiter, Lieferanten und Kunden für das Unternehmen interessieren sollten. In unserem Beispiel könnte die Antwort auf das Warum lauten: »Wir tragen mit unseren Montagesystemen für Solaranlagen dazu bei, die Energienutzung vieler Menschen auf dem Planeten zu verbessern.«

Werte: Woran glauben wir?

Die Werte eines Unternehmens sind eng mit dessen Kultur verknüpft. Der Organisationspsychologe Edgar Schein definiert Unternehmenskultur als *»gemeinsame Glaubenssätze, Werte und Annahmen von Menschen, die auf ein gemeinsames Ziel hinarbeiten.«*

Viele Unternehmen stehen vor der Herausforderung, in einem ersten Schritt die Unternehmenswerte zu definieren und diese im zweiten Schritt in das tägliche Arbeiten, quasi in die »Arbeits-DNA« eines jeden im Unternehmen Tätigen, zu integrieren.

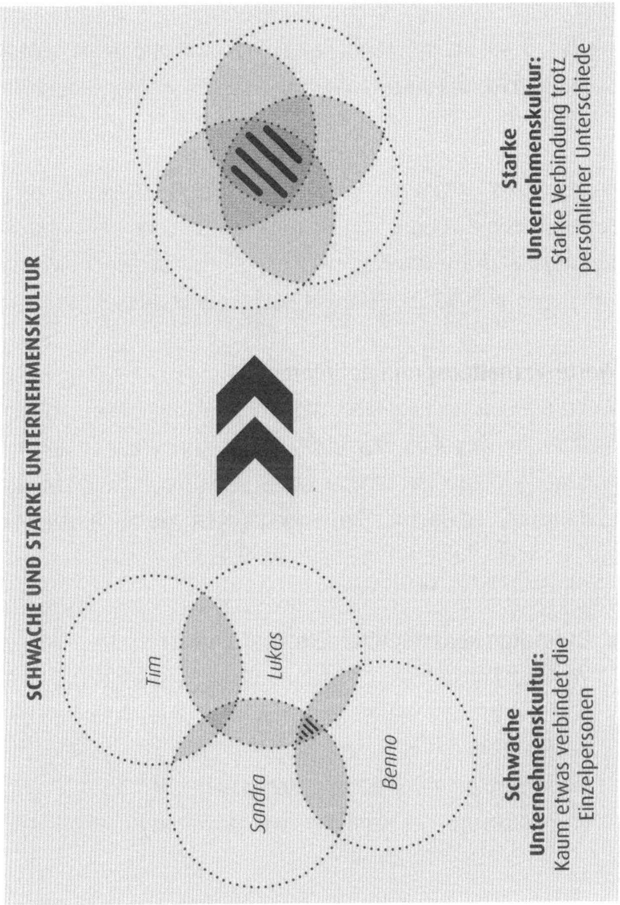

Abb. 10: *Schwache und starke Unternehmenskultur*

Dabei geht es nicht darum, individuelle Glaubenssätze und Werte zu verändern, sondern darum, eine möglichst große Schnittmenge des unternehmensbezogenen Werteverständnisses in der Gruppe zu erreichen (siehe die Abbildung).

In der Praxis gelingt das Verankern der Werte leider nur sehr selten. Was bleibt, sind tolle Hochglanzbroschüren oder Visualisierungen in Form von Wertewürfeln oder sonstigen Gimmicks, von denen lediglich Berater und Agenturen profitieren.

Werte-Verhaltensprofil definieren

Wenn Sie der Meinung sind, dass in Ihrem Unternehmen das tatsächliche Vorgehen bzw. das Umsetzen der Werte in der Organisation intensiviert werden muss, kann Ihnen vielleicht die Operationalisierung mit den sogenannten Werte-Verhaltensprofilen weiterhelfen. Unternehmen wie Toyota und Danaher praktizieren diese Methode seit vielen Jahren.

1. **Definition konkreter Verhaltensprofile:** Übersetzen Sie die Werte in konkrete und messbare Verhaltensprofile. Die Idee dahinter ist, dass Werten ein ganz bestimmtes Verhalten zugeordnet wird und dieses Verhalten dann ähnlich wie mit einem Kompetenzprofil operationalisiert wird.
   Im Beispiel unseres Herstellers von Montagesystemen könnte ein solcher ausformulierter Wert lauten:
   »Wir streben nach dem Erreichen ambitionierter Ziele, indem wir sie setzen, annehmen und als Herausforderung verstehen.«

Unternehmenswert: »Wir streben nach dem Erreichen ambitionierter Ziele, indem wir sie setzen, annehmen und als Herausforderung verstehen.«			
Entwicklungsbedarf	**Kompetent**	**Hoch kompetent**	**Verhaltensleitbild**
Setzt Ziele innerhalb des Teams, die nicht immer klar messbar sind, und hat eine zu hohe Anzahl an Prioritäten definiert.	Setzt messbare Ziele innerhalb des Teams und definiert wesentliche Prioritäten zur Erreichung der Ziele.	Setzt messbare und ambitionierte Ziele (außerhalb der Komfortzone) im Team und nimmt Herausforderungen mit Engagement an.	Setzt stets messbare und sehr hoch gesteckte Ziele (Stretch-Ziele) im Team und nimmt sich selbst Durchbruchszielen mit hohem Engagement an.

Um das Verhalten bewertbar zu machen, wird, wie in der Tabelle ersichtlich, zunächst das sichtbare Verhalten von Führungskräften in seiner idealen Form als Leitbild festgelegt. In Angrenzung dazu werden unterschiedliche Verhaltensausprägungen formuliert, die in Kategorien von »starker Entwicklungsbedarf« bis »hoch kompetent« eingeordnet sind.

2. **Beurteilungsprozess festlegen:** Anschließend wird ein Prozess festgelegt, bei dem Führungskräfte hinsichtlich der Umsetzung der Werte beurteilt werden. Dies sollte sowohl im Rahmen einer Selbst- als auch Fremdbeurteilung erfolgen.

3. **Entwicklungsmaßnahmen definieren:** Auf Basis der Beurteilung werden persönliche Entwicklungsmaßnahmen festgelegt und auf regelmäßigen Fortschritt überprüft.

Wenn Sie es auf diese Weise schaffen, einen Prozess zu etablieren, wird die Umsetzung der Unternehmenswerte zum Selbstläufer.

Strategie: die mittelfristigen Stoßrichtungen

Die Umsetzung einer Strategie in die Praxis kann immer nur so gut sein wie die Strategie selbst. Wenn diese nicht sinnvoll, stimmig oder geeignet ist, trifft dies auch für alles Weitere im Prozess zu, das sich an der Strategie orientiert. Etwas salopper ausgedrückt könnte man auch sagen: garbage in – garbage out.

Deswegen ist es unabdingbar, dass Sie die strategische Ausrichtung prüfen und bei Bedarf revidieren oder neu erarbeiten. Erfahrungsgemäß sollte das in einem zweitägigen Workshop mit dem Managementteam machbar sein.

In meinen Strategie-Workshops orientiere ich mich generell sehr stark an der Methode des Business Model Canvas. Hier gibt es eine sinnvolle Umfeldanalyse sowie eine Stärken-Schwächen-Analyse. Alle hierauf aufbauenden Fragestellungen zielen stets darauf ab, neue Ideen für das Unternehmen zu generieren und zu versuchen, Alleinstellungsmerkmale herauszuarbeiten.

Das ist aus meiner Sicht der richtige Weg hin zu einer guten, tragfähigen Strategie. Die Strategie muss zu einem bewertbaren Wettbewerbsvorteil führen, den das Unternehmen dauerhaft verteidigen kann. Und genau dies gilt es auszuarbeiten.

Die meisten Strategien, die ich in Unternehmen vorgestellt bekomme, sind nicht wirklich Strategien. Es handelt sich dabei sehr häufig eher um Allgemeinaussagen.

Ein hilfreiches Instrument, um den Wettbewerbsvorteil bewertbar zu machen, ist das Potenzialprofil zur Identifizierung des Kundennutzens. Der Vorteil liegt darin, dass der erbrachte Kundennutzen im Vergleich zum Wettbewerb quantifiziert und Maßnahmen für die gezielte Verbesserung des Kundennutzens definiert werden.

1. **Differenzierungsmerkmale herausarbeiten:** Definieren Sie die wesentlichen Kriterien, die Ihre Kunden mithilfe Ihrer Leistungen gelöst haben wollen. Hygienefaktoren, die grundlegend und selbstverständlich sind, wie zum Beispiel Sicherheit oder bestimmte Funktionsanforderungen an den Betrieb eines Produktes, spielen dabei nur eine untergeordnete Rolle. Vielmehr sind die Differenzierungsmerkmale entscheidend.
2. **Differenzierungsmerkmale aus Kundensicht einordnen:** Gewichten Sie die Bedeutung der Differenzierungskriterien aus Sicht der Kunden. Idealerweise basiert das auf der bekannten Meinung Ihrer Kunden. Alternativ müssen Sie die Bedeutung nach interner Kenntnis beurteilen.
3. **Wettbewerber-Ranking erstellen:** Beurteilen Sie Ihre Position im Vergleich zu Ihren Top-3-Wettbewerbern auf einer Skala von 5 (= deutlich besser) bis 1 (= deutlich schlechter). Sind Sie genauso gut wie Ihr Wettbewerber, vergeben Sie

eine 3. Hinsichtlich der Beurteilung gilt das Gleiche wie in Schritt 2.

4. **Gesamtnutzen ermitteln:** Multiplizieren Sie nun die Gewichtung mit Ihrer Bewertung. Dadurch erhalten Sie Ihren aktuellen Gesamtnutzen. Da der Wettbewerb immer die Beurteilung von 3 (gleich gut) erhält, ergibt sich multipliziert mit der Gewichtung immer ein Referenzwert von 300.
5. **Relation zum Wettbewerb ermitteln:** Nun können Sie Ihren Gesamtnutzen in Relation zum Wettbewerber setzen und berechnen, um wie viel Sie besser oder schlechter als der Wettbewerber sind.
6. **Zielwert definieren:** Setzen Sie sich einen strategischen Zielwert für den Kundennutzen und leiten Sie entsprechende Maßnahmen ab.

Ein Strategisches Potenzialprofil zur Identifizierung des Kundennutzens steht für Sie via www.mybook.haufe.de nach Eingabe des Buchcodes TGA-HL12 in der Kategorie »Management« zum Download bereit.

Vorgehensweise bei einer Strategy Box

Ein weiteres hilfreiches Instrument ist die sogenannte Strategy Box. Sie ist abgeleitet von der Idee des morphologischen Kastens, einer Kreativitätsmethode zur systematischen Analyse komplexer Aufgabenstellungen. Die Methode ist deshalb sehr hilfreich, weil sie einen gesamthaften Überblick über das aktuelle Geschäftsmodell gibt und zum anderen Überlegungen hinsichtlich zukünftiger und strategisch neuer Geschäftsmöglichkeiten forciert. Empfehlenswert ist es, die Strategy Box gemeinsam im Managementteam und interaktiv mit Post-its an einer Metaplanwand zu erarbeiten.

1. Legen Sie wesentliche Kategorien fest, mit denen sich Ihr Geschäft bzw. Ihr Geschäftsmodell beschreiben lässt, wie zum Beispiel »Produktgruppen, Kundengruppen, Regionen, Technologien, Vertriebskanäle« (siehe die folgende Abbildung).
2. Arbeiten Sie diese Kategorien aus und stellen Sie entsprechende Fragen dazu, etwa: »Welche Kundengruppen bedienen wir heute?«, »Mit welchen Produktgruppen?«
3. Kundengruppen im Beispiel des Herstellers von Montagesystemen für Solaranlagen wären EPC, Großhandel, OEMs etc. Produktgruppen wären etwa Systeme für Aufdach, Flachdach, Inndach oder Freiland.
4. Legen Sie anschließend in diesen Kategorien neue Themen fest, die es heute noch nicht gibt, die aber strategisch relevant sein können, wie zum Beispiel: »Welche Kundengruppen wollen wir zukünftig bedienen?«
5. Dabei können Sie auch den heutigen Umsatz den Unterkategorien zuordnen.

6. Bilden Sie strategische Pfade, zum Beispiel: »Welche Kundengruppen wollen wir in Zukunft mit welchen Produktgruppen in welchen Regionen bedienen und über welche Verkaufskanäle?« Im Beispielfall möchte unser Hersteller mit neuen Produkten des Trackersystems und mit Systemen für Carports die Kundengruppe EPC bedienen. Zukünftig soll der Markt in Nordamerika aufgebaut werden. Neue Technologien wie Laser und Robotik spielen dabei eine zentrale Rolle, und als zukünftiger Vertriebskanal sollen Planer aufgebaut werden.
7. Beplanen Sie zukünftige Umsätze.
8. Formulieren Sie die strategischen Stoßrichtungen aus. In unserem Beispiel wurden die strategischen Stoßrichtungen zusammengefasst formuliert als:
   - Positionierung als Technologieführer mit innovativen Montagesystemen
   - Differenzierung durch leistungsstarke Logistik, zeitsparende Montage, einzigartige Liefertreue und 24/7-Erreichbarkeit
   - Ausbau der Marktposition in D-A-CH, Europa und Nordamerika
   - Expansion in Asien und Südamerika

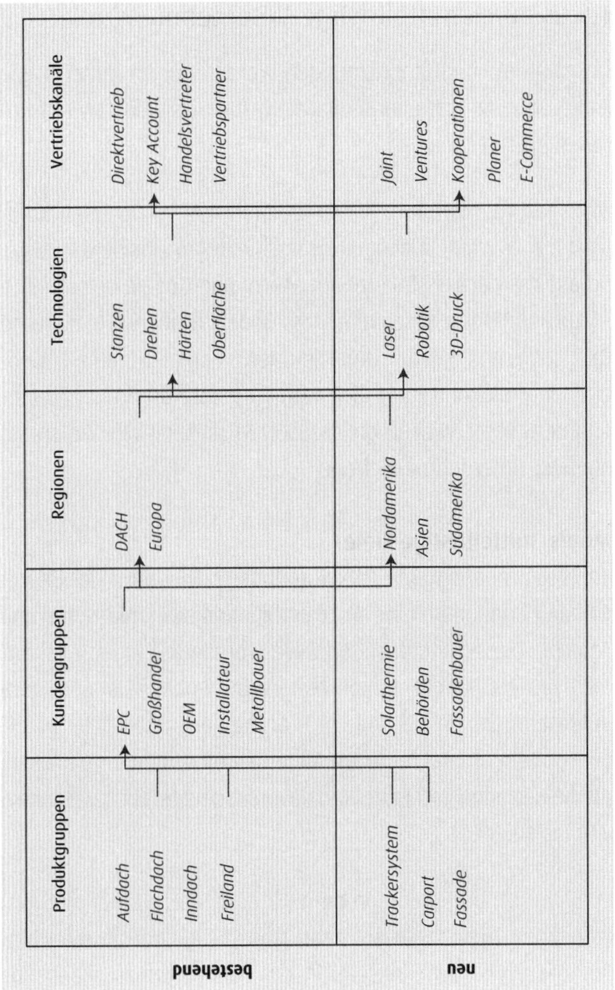

Abb. 11: *StrategyBox*

Fokus durch mittelfristige Unternehmensziele

Die strategischen Stoßrichtungen werden nun in mittelfristige Ziele übersetzt und operationalisiert, sodass sie den SMART-Kriterien entsprechen.

Manche Unternehmen, die OKR einführten, verzichteten komplett auf die mittelfristige Sicht und richteten alle Ziele kurzfristig auf das nächste Quartal aus. Auch ging Google ursprünglich so vor. John Doerr beschreibt, dass Google mittlerweile jährliche OKR basierend auf der Unternehmensstrategie definiert. Google nennt die jährlichen OKR auch Corporate Objectives (Unternehmensziele), welche gleichzusetzen sind mit den Zielen auf oberster Unternehmensebene.

Moals: mittelfristige Ziele

Im Zusammenhang mit OKR wird Ihnen sicher auch der Begriff »Moals« begegnen, eine Wortkombination aus »mid-term« und »goals«. Diese mittelfristigen Ziele werden auf einen Zeithorizont von ein bis drei Jahren festgelegt, wobei dies stark vom Unternehmensumfeld und der Branche abhängig ist. Im heutigen Umfeld empfehle ich im Allgemeinen, Unternehmensziele für die nächsten drei Jahre und davon abgeleitet für das nächste Jahr festzulegen.

In einem Unternehmen, in dem ich arbeitete, wurden die mittelfristigen Ziele sogar auf zehn Jahre festgelegt. In manchen Branchen, wie zum Beispiel in der Forstwirtschaft, kann das durchaus heute noch Sinn machen.

Wie lassen sich aber nun Unternehmensziele erarbeiten? Grundsätzlich leiten sich diese von der Strategie ab:

- Wenn Sie als Strategie die Preisführerschaft anstreben, dann könnte ein Ziel das folgende sein: Die Kosten einer Produktlinie innerhalb der nächsten drei Jahre um 40 % senken.
- Wenn Sie als Strategie die Technologieführerschaft anstreben, dann könnte Ihr Ziel das folgende sein: Innerhalb der nächsten drei Jahre jedes Quartal ein neues Produkt einführen.

Begehen Sie nicht den Fehler, die Strategie von den Unternehmenszielen abzuleiten! Unternehmen, die sich an der klassischen Mittelfristplanung orientieren, machen oft genau diesen Fehler: Die Planung ist dann meist eine reine Fortschreibung der bisherigen Ziele, ohne dass diese auf ausgearbeiteten strategischen Stoßrichtungen aufbaut.

Gehen Sie genau anders herum vor: Erarbeiten Sie die Unternehmensziele auf Basis der Strategie.

Die Anzahl mittelfristiger Ziele

Damit kommen wir zu einem ganz entscheidenden Thema, nämlich zu der Frage: »Wie viele Unternehmensziele sind überhaupt sinnvoll?« Ich schlage hier mittlerweile ziemlich rigoros eine Limitierung der Anzahl auf maximal drei Unternehmensziele vor. Zu viele Ziele sind kontraproduktiv, und zwar aus den folgenden Gründen:

1. In gewisser Weise bin ich beeinflusst durch meine Arbeit mit der Balanced Scorecard (BSC). Ein generelles Credo von Kaplan und Norton, den Urvätern der BSC, war: Twenty is plenty. Das bedeutet: maximal 20 Ziele auf der obersten Ebene. Viele Projekte haben gezeigt, dass das viel zu viele Ziele waren. Obendrein haben sich diese durch weitere Kaskadierungen auf die nächsten Unternehmensebenen vervielfacht. Am Ende war der weitere Prozess nicht mehr handhabbar und endete im einem Zahlenfriedhof – ein Grund, warum die Balanced Scorecard in vielen Unternehmen gescheitert ist. Das heißt jedoch nicht, dass Kernelemente der BSC nicht sinnvoll wären.
2. Viele Manager fühlen sich wohler, wenn sie sich möglichst durch mehrere Ziele absichern und dadurch vermeintlich das Risiko einer Fehlsteuerung minimieren. Dabei lassen sie jedoch außer Betracht, dass zu viele Ziele zu einem Mangel in der Priorisierung und Fokussierung führen.
3. Der dritte Grund liegt in der Tatsache, dass sehr häufig auf den oberen Unternehmensebenen sehr operativ gedacht und auch agiert wird. Dadurch finden sich zwangsläufig häufig auch operative Ziele in den Unternehmenszielen, die dort aber nichts verloren haben.

John Doerr (2018) schreibt: »*Anfänglich gingen wir bei unseren Unternehmens-Objectives meist ziemlich weit und waren viel zu ambitioniert. Wir bestimmten sieben oder acht, obwohl wir bestenfalls die Kapazität für zwei hatten.*«

Tipps für die Festlegung mittelfristiger Ziele

- Prüfen Sie Ihre bisherigen Ziele auf ihre strategische Aussagekraft.
- Streichen Sie rigoros operative Ziele aus den Unternehmenszielen.
- Verwenden Sie die Logik der vier Scorecard-Perspektiven (siehe die folgende Abbildung). Diese hilft Ihnen bei der Auswahl möglicher Unternehmensziele. Wählen Sie für drei Perspektiven jeweils nur ein zur Strategie passendes Unternehmensziel aus, also beispielsweise aus den Perspektiven Finanzen, Kunden und Mitarbeiter. Damit vermeiden Sie, dass Sie etwa nur finanzielle Ziele (Ergebnisziele) definieren. Berücksichtigen Sie stattdessen auch sogenannte Enabler bzw. Frühindikatoren, die sich aus den Perspektiven Prozesse und Mitarbeiter/Infrastruktur ergeben. Diese »Enabler«-Funktion sollte beim Herunterbrechen der Ziele wiederzufinden sein. Auf der anderen Seite ist die Kundenperspektive mit den idealerweise definierten Alleinstellungsmerkmalen sehr nah an der Unternehmensstrategie. Deshalb ist ein Ziel, das sich aus der Kundenperspektive ergibt, ebenfalls sinnvoll, auch wenn es sich dabei um ein Ergebnisziel handelt.
- Seien Sie mutig nach dem Motto: »Wesentliches Minimum und kompromisslose Abwahl«. Ich kann Ihnen versprechen: Die Organisation wird es Ihnen danken!

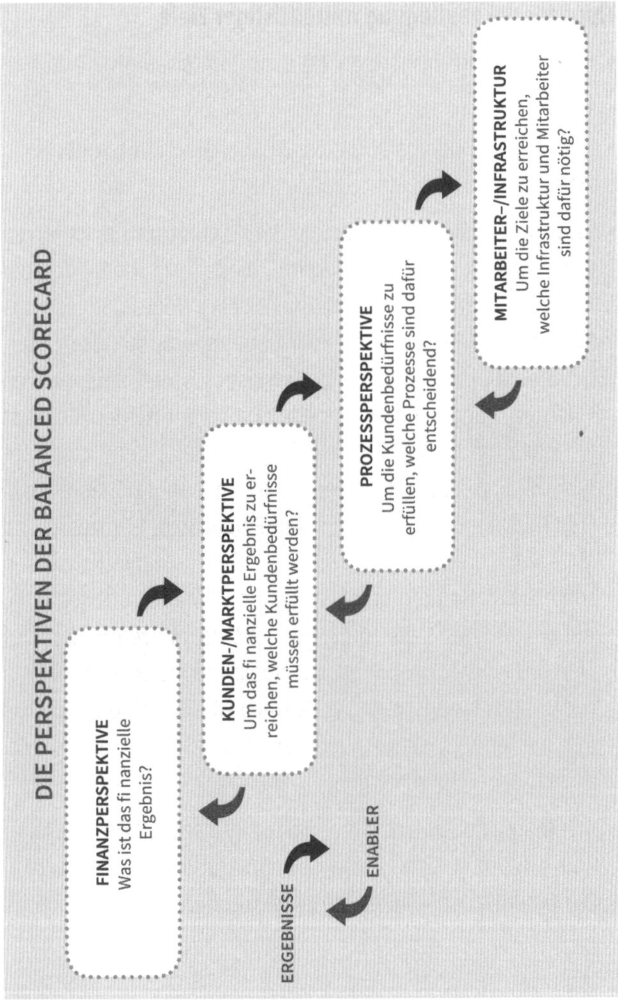

Abb. 12: *Die Perspektiven der Balanced Scorecard*

Durchbruchsziele: die Basis für Innovation

Die OKR-Methode verfolgt den Grundsatz, eher herausfordernde Ziele festzulegen. Google bezeichnet diese Ziele als sogenannte erstrebenswerte Ziele. Damit soll die Organisation laut John Doerr animiert werden, risikoträchtigere und disruptivere Ideen abzubilden und so über den Tellerrand hinauszublicken.

In der praktischen Umsetzung finden sich zwei Formen solcher herausfordernder Ziele: Im einen Fall wird eine sehr ambitionierte, kaum erreichbare Ziellinie festgelegt. Diese Ziele nennt man auch Stretch-Goals.

Im anderen Fall handelt es sich um Ziele, die eine wesentliche Veränderung bewirken und uns auffordern sollen, darüber nachzudenken, wie wir unser Geschäft oder die Abläufe komplett anders als bisher gestalten könnten. Diese Ziele werden beim Hoshin-Kanri-Ansatz »Durchbruchsziele« oder »Breakthrough-Ziele« genannt.

Nimmt man die Bezeichnung »Durchbruch« ernst, würde die Erreichung dieser Ziele tatsächlich etwas bahnbrechend Neues bedeuten. Damit wären wir dann auch eng beim Begriff der Innovation. Eine aus meiner Sicht sehr gute Definition, die aus der Ausbildung zum Innovation Practitioner des Verrocchio Instituts stammt, bezeichnet Innovation als »... umgesetzte Ideen, die Märkte revolutionieren, da sie Probleme lösen, die die Kunden vorher noch nicht gekannt haben«. Inwieweit eine Organisation auf Basis dieses Verständnisses mit Durchbruchszielen agiert, ist natürlich abhängig von der aktuellen Unternehmenssituation, aber auch davon, ob überhaupt Kompetenzen vorhanden sind, derartig innovative Ziele zu definieren. Dies war ja bereits beim Thema Visionserarbeitung eine Überlegung (siehe Kapitel »Was gute Strategien ausmacht«). Viele Unternehmen sind hiervon noch weit entfernt. Am ehesten klappt dies bei Start-ups.

Also bleibt die Frage: Was tun? Meine Erfahrung zeigt, dass sich in vielen Unternehmen sowohl das oberste Management als auch die nächsttieferen Ebenen sehr gut mit dem Begriff Durchbruchsziele identifizieren können. Voraussetzungen dafür sind allerdings, dass

- man sich dabei auf wenige wichtige Ziele konzentriert und dass
- diese Ziele der festgelegte und verbindliche Fokus des Managements sind – unabhängig davon, ob diese tatsächlich einen wirklichen Durchbruchscharakter haben.

Schaut man sich den Arbeitstag vieler Manager an, wird schnell deutlich, dass die strategischen Aufgaben häufig nur einen geringen Anteil ausmachen (vgl. die folgende Abb., linkes Schaubild). Sehr oft überwiegt das operative Tagesgeschäft. In einer solchen Situation ist ein Unternehmen vom Reifegrad her gar nicht in der Lage, mit Durchbruchszielen zu agieren, da das Management sich eher im Firefighting-Modus befindet und die Prozesse nicht wirklich stabil laufen. Auch die Aktivitäten bezüglich kontinuierlicher Verbesserungsprozesse (KVP) und Lean Management sind in diesem Fall in der Regel sehr gering ausgeprägt.

Idealerweise sollten, wie auf der rechten Seite in der folgenden Abbildung dargestellt, die strategischen Aufgaben einen Großteil des Arbeitsalltages von Managern ausmachen, der Anteil an KVP und Lean Management in der gesamten Organisation verankert sein und das operative Tagesgeschäft sollte stabil laufen.

Tipps für Durchbruchsziele

- Prüfen Sie den Innovations- und Problemlösungsreifegrad Ihrer Organisation.
- Stellen Sie sich die Frage: Sind Durchbruchsziele in Anbetracht der aktuellen Unternehmenssituation notwendig?
- Machen Sie einen Check mit Management und Führungskräften, ob diese sich eher auf der linken oder eher auf der rechten Seite der folgenden Grafik sehen.
- Erörtern Sie mit Ihrem Management und Ihren Führungskräften, inwieweit sich diese mit dem Begriff Durchbruchsziele identifizieren können.

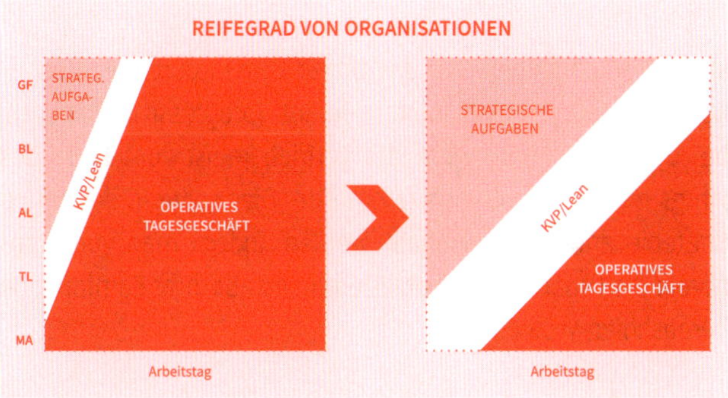

Abb. 13: *Reifegrad von Organisationen*

Fallbeispiel: Unternehmensziele

Das Managementteam (Vorstand und nächstuntere Führungsebene) eines Software-Herstellers legte in einem zweitägigen Strategie-Workshop drei Unternehmensziele sowohl für die nächsten drei Jahre als auch für das kommende Jahr fest (siehe die folgende Tabelle).

Dabei orientierten sie sich an der Vorgabe, maximal drei Ziele zu definieren und ihnen einen Durchbruchscharakter zu verleihen. Außerdem verwendeten sie die Logik der Balanced Scorecard.

Das Unternehmen war auf Wachstumskurs, deswegen wurde aus der Finanzsicht heraus der Umsatz als ein Unternehmensziel definiert. Dahinter lag eine degressive Planung, die bereits im ersten Jahr ein Umsatzwachstum von 50 % vorsah:

- Wachstum in 2020 um 50 %,
- in 2021 um 33 % und
- in 2022 um 25 %.

In der Vergangenheit war das Unternehmen durch eine sogenannte Hockey-Stick-Planung geprägt (progressive Planung), bei der sich insbesondere der Vertrieb meist zum Ende des Jahres hin die Hauptumsätze erhoffte. Dies sollte in der neuen Strategie anders gehandhabt werden, indem man von vornherein die Organisation mobilisieren und aus ihrer Komfortzone herausholen wollte.

Ein zweiter wesentlicher strategischer Eckpfeiler war die Zufriedenheit der Kunden. Da diese bereits regelmäßig auf aggregierter Ebene sowie auch in verschiedenen Unterkategorien durch den Net Promotor Score (NPS) gemessen wurde, stellte dies ein geeignetes Unternehmensziel dar. Insbesondere in den letzten Jahren konnte ein nahezu stagnierender NPS verzeichnet werden. Deswegen war die Planung im Vergleich zu den Unternehmenszielen noch aggressiver. Diese sah eine Steigerung in 2020 von 30 auf 50 um 67 %, in 2021 um 30 % und in 2021 um 23 % vor.

Das Unternehmen war davon überzeugt, dass es als Arbeitgeber nur attraktiv sein konnte, wenn Aspekte wie Mitarbeiterzufriedenheit, Arbeitsumfeld und Image als überdurchschnittlich gut empfunden wurden. In der Vergangenheit wurden Aktivitäten in diese Richtung nur punktuell, wenig strukturiert und ohne entsprechende Erfolgsmessung vorgenommen. Aus diesem Grund setzte sich das Unternehmen den »Top Job«-Award als drittes strategisches Ziel für 2023. Im Jahr 2020 wollte man bereits zumindest unter den Top-3-Arbeitgebern sein.

Die Unternehmensziele bildeten nun die Basis für die Überleitung in Quartalsziele. Natürlich könnten die Unternehmensziele auch nach der OKR-Methode definiert werden. Diese Alternative stelle ich Ihnen im Kapitel »Objectives: Wo geht es hin?« vor.

Mittelfristige Unternehmensziele 2023		
Umsatzsteigerung von 100 Mio. EUR auf 250 Mio. EUR	Erhöhung des Unternehmens-Net Promoter Score von 30 auf 80	Gewinner des «Top Job«-Award
Jährliche Unternehmensziele 2020		
Umsatzsteigerung von 100 Mio. EUR auf 150 Mio. EUR	Erhöhung des Unternehmens-Net Promoter Score von 30 auf 50	Unter den Top 3 Arbeitgebern beim Job-Award

Auf einen Blick: Der strategische Planungsprozess

- Grundsatz der OKR-Methode ist es, die Ziele lediglich bis auf das nächste Quartal auszulegen. Planen Sie trotzdem zusätzlich mittelfristig. Ihre Planung ist idealerweise auf die nächsten ein bis drei Jahre ausgerichtet. Nur quartalsweise zu planen, greift meist zu kurz.
- Eine gute Strategie hat einen Zeithorizont von drei bis fünf Jahren. Sie enthält quantifizierte Alleinstellungsmerkmale und maximal vier Stoßrichtungen, die sich deutlich vom heutigen Geschäftsmodell abheben.
- Das Business Strategy Canvas erleichtert die Strategiearbeit. entwickelt. Es bildet die wesentlichen Aspekte der zu erarbeitenden strategischen Ausrichtung eines Unternehmens auf einen Blick ab und enthält klare sowie eindeutige Definitionen.

Objectives und Key Results

Nur wer das Ziel einer Reise kennt, weiß, in welche Richtung er laufen muss. Genauso ist es im Unternehmen: Ziele bestimmen den Kurs – im Großen wie im Kleinen.

In diesem Kapitel erfahren Sie, wie

- Sie verbindliche und erstrebenswerte Objectives formulieren und
- die Zielerreichung mittels Key Results forcieren.

Objectives: Wo geht es hin?

Objectives definieren das, WAS es in dem folgenden Quartal zu erreichen gilt. Sie geben somit die Richtung vor und sind eher qualitativ definiert. Dabei sollen sie sehr ambitioniert sein und sich unbequem anfühlen. Dennoch sollten sie motivierend formuliert sein. Denn auch bei OKR geht es darum, dass die Mitarbeiter einen Sinn und Zweck darin sehen, warum sie diese Methode anwenden. Wer einen Sinn und Zweck in seinem täglichen Tun sieht, wer also das Warum dahinter erkennt, ist ungleich stärker motiviert als derjenige, dem sich dies nicht erschließt oder der etwas als gesetzt vorgegeben bekommt (siehe hierzu auch das Kapitel »Business Strategy Canvas: alles auf einen Blick«).

In der Praxis ist das Setzen motivierender Ziele nicht so einfach, wie es sich anhört. In den folgenden Abschnitten gehe ich daher genauer auf die wesentlichen Merkmale der Objectives ein.

Verbindliche und erstrebenswerte Ziele

Bei Google unterscheidet man generell zwei Formen von Zielen: verbindliche und erstrebenswerte.

- Verbindliche Ziele sind Ziele, die zu 100 Prozent erreicht werden müssen, da sich die definierten Leistungen sonst verschlechtern würden. Solche Ziele betreffen beispielsweise die Liefertreue und Verfügbarkeiten.

- Erstrebenswerte Ziele hingegen sind darauf gerichtet, die Organisation zum kompletten Überdenken bisheriger Strukturen und Prozesse anzuregen. Dies sind Ziele, die auf risikoträchtigere oder disruptivere Ideen abzielen und dazu animieren sollen, »über den Tellerrand hinauszublicken«. Bei Google werden solche Ziele im Durchschnitt zu 40 Prozent nicht erreicht.

Die Beschreibung von erstrebenswerten Zielen trifft sehr gut den oben beschriebenen Charakter von Durchbruchszielen. Der US-amerikanische Managementexperte Jim Collins spricht in diesem Zusammenhang auch von sogenannten BHAG-Zielen (Big hairy audacious Goals). Übersetzt bedeutet dies so viel wie »große, haarige und kühne Ziele«.

Zeitdauer von drei Monaten

Die Objectives sollten in der Regel auf eine Dauer von drei Monaten ausgerichtet werden. Dies bedeutet, dass idealerweise nach drei Monaten neue Objectives definiert werden. Inwieweit dies im ersten Jahr Ihrer OKR-Einführung sinnvoll und zu realisieren ist, sollten Sie ausprobieren. Die Praxis zeigt, dass sich sehr häufig der Charakter von verbindlichen Zielen, die eher das Tagesgeschäft abbilden, in diesem Zeitraum wenig ändert.

> Starten Sie, indem Sie mit der Erstellung von Objectives experimentieren.

Qualitativ und unbequem

Eine Frage, über die Unternehmen häufig stolpern, lautet: »Wie kann ich ein qualitatives Objective unbequem definieren?« Hier zeigt die Praxis, dass sich ein Objective hinsichtlich seiner »Härte« dann besser einschätzen lässt, wenn ein Key Result über die Zielvorgabe Klarheit verschafft. Beispielsweise lässt das Objective »Cloudbasierten Umsatz signifikant erhöhen« einen Ermessensspielraum, was das genau bedeutet. Erst durch ein konkretes Key Result wie zum Beispiel »Umsatz Cloud Partner von 20 Millionen Euro auf 40 Millionen Euro erhöhen« wird das Ausmaß für die Verantwortlichen klarer.

> Definieren Sie ein Objective immer als vollständigen Satz mit Verb. Verwenden Sie möglichst auch Adjektive in der Beschreibung des Objectives. »Kundenzufriedenheit erhöhen« hört sich weniger unbequem an als »eine einzigartige Kundenzufriedenheit erreichen«.

Maximale Anzahl an Objectives pro Ebene

Als Faustregel gilt, drei bis vier Objectives pro Ebene zu definieren. Vergleicht man die OKR-Methode mit dem Hoshin-Kanri-Ansatz, erkennt man, wie im Kapitel »Abgrenzung zu anderen Managementsystemen« erwähnt, rasch Gemeinsamkeiten.

In der Hoshin-Kanri-Logik würde das Objective der ebenso qualitativ definierten Improvement Priority (Verbesserungspriorität) entsprechen. Die Key Results sind den Success Indicators (Erfolgsindikatoren) im Hoshin-Kanri-Ansatz gleichzusetzen. Insofern ist die OKR-Logik mit »Was wollen wir erreichen?« und

»Wie machen wir es messbar?« an dieser Stelle dem Vorgehen des Hoshin Kanri sehr ähnlich (siehe hierzu das Kapitel »Abgrenzung zu anderen Managementsystemen«).

Checkliste für Objectives

- Sind sie definiert als das, WAS es in dem folgenden Quartal zu erreichen gilt?
- Geben sie eine klare Richtung vor?
- Sind sie eher qualitativ definiert?
- Sind sie ambitioniert, aber doch motivierend und inspirierend formuliert?
- Fühlen sie sich unbequem an?
- Sind sie im definierten OKR-Zyklus (3 Monate) umsetzbar?
- Ist ein Satz mit Verb formuliert?
- Werden in der Formulierung Adjektive verwendet?
- Sind die Objectives leicht verständlich?

Key Results: Wie können wir die Ziele erreichen?

Key Results geben an, WIE das Quartalsziel erreicht werden soll. Es sind messbare Schlüsselergebnisse, die regelmäßig Auskunft über den aktuellen Fortschritt geben sollen. Am Ende des Quartals wird reflektiert, ob die Key Results erfüllt oder nicht erfüllt sind.

Mehrdimensionalität

Als Faustregel gilt: Pro Objective sollten zwei bis vier Key Results definiert werden. Mit dieser Mehrdimensionalität lassen sich Zielkonflikte vermeiden, die entstehen, wenn nur eine

Messgröße verfolgt wird und dies zulasten einer anderen Messgröße geht. Ebenso wird es damit möglich, Effekt und Gegeneffekt zu messen. Wird beispielsweise die Produktion lediglich an der Einhaltung der Termintreue gemessen, kann es passieren, dass dadurch der Fokus auf die Auslieferung einwandfreier Produkte verloren geht. Oder es wird, um Liefertreue und Produktqualität aufrechtzuerhalten, ein zu hoher Bestand aufgebaut. Insofern sollten in unserem Beispiel neben Zielen zur Liefertreue auch qualitative Zielen sowie klare Bestandsziele definiert werden.

Ergebnis- und Erfolgsindikatoren

John Doerr empfiehlt zudem, einen Mix aus sogenannten Ergebnis- und Einsatzgrößen vorzunehmen, also beispielsweise neben dem Umsatz auch die Anzahl an Akquisegesprächen zu messen.

Ebenso gilt es zu berücksichtigen, dass die Key Results nicht nur aus sogenannten Ergebniszielen, also etwa Umsatzzielen, bestehen sollten. Umsatz beispielsweise ist ein sogenannter Spätindikator, der durch Frühindikatoren wie etwa Auftragseingang, Anzahl oder Volumen versendeter Angebote oder Anzahl von Kundenbesuchen beeinflusst werden kann. Spätindikatoren sind in der Regel keine Steuerungsgrößen. Vielmehr gilt es diejenigen Hebel herauszuarbeiten, die positiv auf die Spätindikatoren wirken.

> Die Verwendung von Ergebnis- und Erfolgsindikatoren innerhalb eines OKR-Sets (Objective und dazugehörige Key Results) empfehle ich nur in den Fällen, in denen OKR nicht auf eine nächste Ebene oder auf weitere Teams heruntergebrochen wird. Andernfalls würden Sie Key Results vorwegnehmen.

Messbare Schlüsselergebnisse

Eine entscheidende Frage im Zusammenhang mit Key Results ist, wie man gute und sinnvolle Messgrößen findet. Dafür hat sich folgendes Vorgehen bewährt:

1. Erfolgsindikatoren Ihres Unternehmens definieren
2. Kategorisieren der Objectives
3. Bestimmen von leistungsorientierten, metrischen Kennzahlen

Schritt Nr. 1: Erfolgsindikatoren Ihres Unternehmens definieren

Überlegen Sie sich, welche Erfolgsindikatoren am besten Ihr Geschäft abbilden. In der Unternehmenspraxis findet man unterschiedliche und gängige Kategorien.

- Viele Unternehmen bilden zum Beispiel ihre Kennzahlen mit der QKL-Methode ab (Qualität – Kosten – Liefertreue). Andere wiederum anhand der Faktoren Qualität/Service – Kosten – Zeit – Wissen/Information.
- Produktionsunternehmen arbeiten gerne mit SQPDC: Safety – Quality – Productivity – Delivery – Cost.

Schritt Nr. 2: Kategorisieren der Objectives

Prüfen Sie, in welche Kategorie das Objective am besten passt.

- Geht es zum Beispiel um das Thema Servicelevel, dann sprechen wir von der Kategorie Liefertreue.
- Stehen Reklamationen im Fokus, dann handelt es sich um das Thema Qualität usw.
- Mithilfe einer solchen Kategorisierung bekommen Sie schon erste Hinweise auf mögliche Kennzahlen.

Schritt Nr. 3: Bestimmen von leistungsorientierten, metrischen Kennzahlen

Generell sollen Key Results den Fortschritt einer bestimmten Performance messen.

Am besten geschieht dies durch sogenannte metrische Messgrößen. Dies können entweder absolute Zahlen sein oder relative Kennzahlen als Kombination und ausgedrückt durch Prozentwerte. Generell gibt es folgende Einheiten:

- Euro (Beispiele: Umsatz, Kosten, Herstellkosten, Reklamationskosten)
- Wochen, Tage, Stunden (Beispiele: Durchlaufzeit in Wochen, in Tagen, in Stunden)
- Stück (Beispiele: Anzahl Reklamationen, Anzahl Kundenbesuche, Anzahl Bugs) oder
- Index (Beispiele: in Prozent als eine Kombination aus den drei Punkten oben, wie Servicelevel, Fehlerquote oder Ähnliches)

> Es gilt folgende Faustregel: Auf höheren Steuerungsebenen machen eher prozentuale Kennzahlen Sinn, auf operativen Ebenen eher absolute Kennzahlen.

Vermeiden Sie dabei möglichst Key Results, die eher To-do-Listen darstellen oder den Projektfortschritt sowie den Fortschritt von Konzepten oder Maßnahmen messen. In Ausnahmefällen kann das jedoch durchaus Sinn machen, insbesondere wenn die Erstellung eines Konzepts der erste Schritt in Richtung Ergebnis ist. Getreu dem Motto: Besser als nichts. Beispielsweise hat die reine Erarbeitung einer Vertriebsstrategie noch keine direkte Wirkung auf den Umsatz und kann in einem ersten Schritt nur durch eine Messgröße, wie zum Beispiel den Fortschritt, gemessen werden.

Daneben gibt es binäre Kennzahlen, die sich durch Erfüllung im Sinne von »ja« oder »nein« definieren. Kennzahlen können aber auch eine Spannbreite messen, zum Beispiel: Erreichen eines Servicelevels zwischen 75 und 85 %.

Checkliste für Key Results

- Geben sie an, WIE das Objective erreicht werden soll?
- Sind es messbare Schlüsselergebnisse?
- Können sie regelmäßig eine Auskunft über den aktuellen Fortschritt geben?
- Werden Ergebnisse beschrieben und nicht Aktivitäten?
- Ist es keine To-do-Liste?
- Sind die Treiber zur Erreichung des Objectives identifiziert?
- Sind klare Zielwerte definiert?

Checkliste für Key Results

- Ist eine 70 %ige Zielerreichung bereits ein Erfolg?
- Ist ein Jumping-off Point, also der Ausgangswert, definiert?
- Ist ein Satz mit Verb formuliert?
- Sind die Key Results klar verständlich?

Ein Beispiel aus der Praxis: OKR auf der Ebene des Topmanagements

In Kapitel »Business Strategy Canvas« hatte ich eine Möglichkeit zur Darstellung der Unternehmensziele vorgestellt (siehe die Tabelle dort).

Verfolgen Sie die Logik nach OKR auch auf oberster Unternehmensebene, könnte sich unser Beispiel wie in der folgenden Tabelle dargestellt gestalten. Dabei wurde die Jahres- und Mittelfristsicht beibehalten. Lediglich die Jahresziele sind unterteilt in Objectives (O) und Key Results (K).

Das Wachstumsziel bezieht sich jetzt nicht nur auf den Umsatz, sondern enthält die Maßgabe, profitabel und organisch zu wachsen. Insofern macht es Sinn, neben dem Umsatz auch zum Beispiel den EBIT sowie die Ausprägung des organischen Wachstums zu messen.

Das Ziel, ein wettbewerbsstarker Cloud-Service-Anbieter zu werden, wird in diesem Beispiel nicht nur durch den NPS gemessen, sondern an der Kundenabwanderungsrate und dem Kundennutzen.

Ähnlich verhält es sich mit dem Unternehmensziel, als attraktiver Arbeitgeber wahrgenommen zu werden. Dieser wird hier nicht nur am Top-Job-Award gemessen, sondern ebenso anhand der Fluktuations- und Krankenquote.

Mittelfristige Unternehmensziele 2023		
Wir erzielen 250 Mio. EUR durch profitables und organisches Wachstum	Wir werden der beste Cloud-Service-Anbieter und erreichen einen Unternehmens-Net Promoter Score von 80	Wir werden Arbeitgeber der Wahl und sind der Gewinner des »Top Job«-Award
Jährliche Unternehmensziele 2020		
0: Wir wachsen profitabel und organisch	0: Wir werden ein wettbewerbsstarker Cloud-Service-Anbieter	0: Wir werden Arbeitgeber der Wahl und sind unter den Top 3 beim Job-Award
K1: Umsatzsteigerung von 100 Mio. EUR auf 150 Mio. EUR	K1: NPS von 30 auf 50 erhöhen	K1: Top 3 beim Job Award erreichen
K2: EBIT von 8 % auf 10 % erhöhen	K2: Kundenabwanderungsrate von 10 % auf 5 % senken	K2: Fluktuationsquote von 8 % auf 3 % senken
K3: 100 % organisches Wachstum	K3: Kundennutzen von 0,9 auf 1,1 steigern	K3: Krankenquote von 6 % auf 4 % senken

Welche Variante der Darstellung der Objectives und Key Results Sie verwenden und wie Sie diese messen sollten, kann man nicht verallgemeinernd sagen. Das muss jeweils orientiert an der konkreten Situation entschieden werden. Meine Erfahrung zeigt, dass die Darstellung gerade auf oberster Ebene nicht zu komplex sein sollte und dass ein klarer Fokus erkennbar sein muss. Bedenken Sie immer, dass die hier genannten Ziele die Ausgangsbasis für die weitere OKR-Erarbeitung sind und dass sie deshalb für alle im Unternehmen verständlich beschrieben und übersichtlich dargestellt sein sollten. Sind auf der obersten Ebene zu viele Ziele und diese zu kurzzyklisch definiert, dann geht die Übersicht sehr schnell verloren.

Aus diesem Grund gibt es Unternehmen, die wieder auf die erste, vereinfachte Variante umgestiegen sind (siehe Tabelle am Ende des letzten Hauptkapitels). Dies gilt insbesondere für größere Unternehmen, die OKR auf weiteren Ebenen in der Organisation verankern wollten. Häufig hat sich dort gezeigt, dass komplexe OKR, die auf der obersten Unternehmensebene definiert waren, operative Ziele enthielten, die eigentlich eher auf einer unteren Ebene relevant waren.

Für kleinere Unternehmen, die OKR nicht auf mehreren Ebenen verankern müssen, kann es jedoch durchaus Sinn machen, auf der Ebene des Topmanagements Unternehmensziele gemäß den OKR-Kriterien zu definieren.

Ich habe auch Ansätze gesehen, bei denen in einem ersten Schritt der OKR-Einführung lediglich qualitative Unternehmensziele ohne Key Results für die Organisation definiert wurden, also zum Beispiel: »Wir werden ein etablierter Cloud-Service-Anbieter am Markt« oder »Wir liefern erstklassige Multi-Channel-Lösungen«. Auf dieser Basis sollte sich dann die Organisation (nächste Ebene, Teams etc.) überlegen, mit welchen

Objectives und Key Results sie auf die übergeordneten Unternehmensziele einzahlen. In diesen Fällen sollte nicht zu stark top-down auf die Organisation eingewirkt werden, sondern eher eine grobe Richtung ausgesprochen werden. Die meisten Unternehmen werden meiner Erfahrung nach dennoch über die Zeit konkreter, was die Messbarkeit angeht. Denn es stellt sich früher oder später unweigerlich die Frage: »Woher wissen wir, ob wir als Unternehmen insgesamt besser geworden sind?«

Tipps für die Einführung von OKR

- Legen Sie fest, welche und wie viele Unternehmensebenen OKR definieren sollen.
- Berücksichtigen Sie Ihre Unternehmensgröße.
- Vermeiden Sie operative Ziele in den Unternehmens-OKR.
- Prüfen Sie, ob Kennzahlen verfügbar sind.

Abstimmung von OKRs in der Organisation

Wie sorgt man dafür, dass die Strategien von oben zu gemeinsamen Zielen der gesamten Organisation werden? Wie bricht man sie auf die einzelnen Teilbereiche herunter? Ein schwieriges Unterfangen, das sich mithilfe der OKR-Prinzipien jedoch gut umsetzen lässt. In diesem Kapitel erfahren Sie,

- warum Zieltransformation besser ist als Kaskadierung,
- wie Sie horizontales Alignment sicherstellen,
- wie Sie die Team- und Mitarbeiterebene miteinbeziehen.

Top-down versus bottom-up

Kommen wir zu einem für den Erfolg von OKR entscheidenden Thema. Wie brechen wir OKR auf verschiedene Ebenen oder Teams eines Unternehmens herunter? Dieser Punkt wird generell in der Anwendung kritisch diskutiert. Denn was wir gerade nicht wollen, ist eine Eins-zu-eins-Kaskadierung der Ziele bis auf die unterste Unternehmensebene. Dies war ja im MbO-Ansatz der Fall, was zu einem starren, siloartigen und bürokratischen Zieleprozess geführt hatte. OKR hingegen soll das Gegenteil in die Unternehmenssteuerung und Zielverfolgung bringen: Agilität und Flexibilität.

Keine gute Idee: 100 % top-down

Der MbO-Ansatz verfolgt die Idee, dass die Gesamtheit der Unternehmensziele die Summe aller Einzelziele des Unternehmens ergeben. Das bedeutet, dass die Ziele in ihre Unterziele aufgebrochen oder sogar mathematisch aufgeteilt werden. Dies führte sehr häufig zum sogenannten Gießkannenprinzip. Unabhängig davon, ob die Beteiligten das Ziel beeinflussen können, bekommt jeder davon eine Scheibe ab. In der Praxis begegnet es mir dann sehr häufig, dass Ziele einfach quer durch die Organisation bis auf die unteren Unternehmensebenen »herunterplumpsen«.

Ein Beispiel dazu: Angenommen, ein Unternehmen hat als eine der obersten Zielsetzungen die Steigerung der Produktivität festgelegt und ausgesprochen. Beim Blick auf die Zielkaskadierung in der Organisation stellt man daraufhin fest, dass sich dieses Ziel auf weiteren Unternehmensebenen bis auf den Shopfloor hinunter genauso wiederfindet (siehe die folgende Abbildung). Die Beeinflussbarkeit dieses Zieles auf den jeweiligen Ebenen ist jedoch fraglich.

Wird zum Beispiel die Produktivität als Umsatz pro Mitarbeiter gemessen, mag dies vielleicht auf einer oberen Ebene durchaus logisch klingen. Ohne gezielte Maßnahmen und sinnvolle Unterstützung dabei wird ein Team- oder Gruppenleiter in der Produktion jedoch kaum in der Lage sein, den Umsatz zu beeinflussen, ohne beispielweise die Zahl der Mitarbeiter zu reduzieren, was weder gewollt noch sinnvoll wäre. Dies führt zwangsläufig dazu, dass Ziele »von oben« keine Akzeptanz bei den Mitarbeitern finden.

In meiner Coaching-Praxis erlebte ich beispielweise bei einem Shopfloor-Meeting im Rahmen der Regelkommunikation, dass mir der Meister auf mein Feedback hin sagte, er mache das Meeting nur, weil er es machen müsste. Das Team identifizierte sich also weder mit den Zielen noch mit den Kennzahlen. Alles wurde von ganz oben vorgegeben, unabhängig davon, ob es für das Team bei der operativen Arbeit Sinn machte.

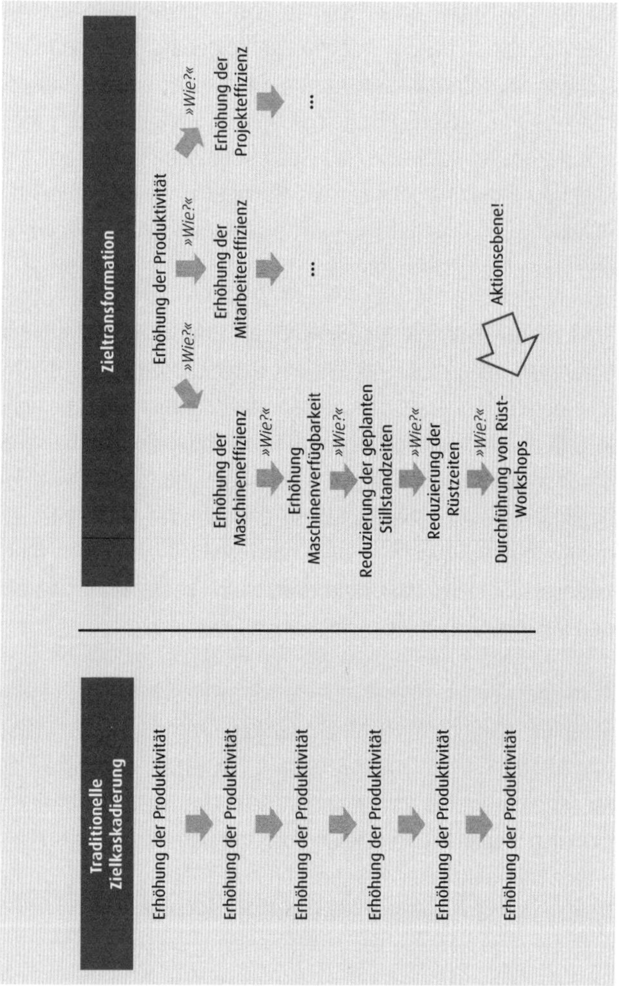

Abb. 14: *Traditionelle Zielkaskadierung vs. Zieltransformation*

Der Google-Ansatz

Laszlo Bock, ehemaliger Leiter People Operations bei Google, machte deutlich, dass die Kaskadierung von OKR über alle Ebenen die Organisation über kurz oder lang lahmgelegt hätte. Er ist der Meinung, dass es sinnlos wäre, Ziele hinauf und hinab zu delegieren. Vielmehr spricht er davon, dass sich die Ziele über die Zeit annähern müssten. Dies würde durch die hohe Transparenz von OKR ermöglicht, »da die wichtigsten OKR bekannt und diejenigen aller anderen sichtbar sind. Teams, die stark von der Ausrichtung abweichen, fallen auf, und die wenigen großen Initiativen, die jeden betreffen, sind klar genug, um sie direkt führen zu können.«

70 % top-down – 30 % bottom-up?

Eine Regel, die auch bei OKR häufig genannt wird, lautet: 70 % top-down und 30 % bottom-up. Das bedeutet, dass 70 % der OKR von oben vorgegeben werden und sich die nächsten Ebenen daran orientieren müssen, während sie auch zu 30 % eigene OKR definieren können. Der Vorteile liegen natürlich darin, dass zwar die Unternehmensführung die wesentlichen OKR vorgibt, dass sich die Mitarbeiter aber dennoch stark eingebunden fühlen und dass auch bereichsspezifische operative Themen integriert werden können. Der Nachteil dieser Regelung besteht darin, dass die Anzahl an OKR schnell zunimmt und dadurch die Gefahr besteht, dass der Fokus verloren geht.

> Inwieweit Sie eine solche Regelung zulassen, sollten Sie mit dem Management diskutieren.

Mein Ansatz: die Zieltransformation

Je stärker Ziele top-down vermittelt werden, desto mehr entsteht bei den Mitarbeitern der Eindruck, dass ihnen da doch wieder etwas von oben aufgezwungen wird. OKR verfolgt dagegen grundsätzlich die Philosophie, alle im Unternehmen Beteiligten in die Zielfindung und -erreichung einzubinden. Vielmehr sollen die jeweils nächsten darunterliegenden Ebenen in den Prozess miteingebunden werden.

Unternehmen sollen durch OKR befähigt werden, agile und flexible Unternehmenssteuerung zu betreiben. Dennoch stellt sich insbesondere in größeren Unternehmen mit mehreren Hierarchieebenen die Frage: »Wie schaffen wir es, die unteren Ebenen an OKR auszurichten? Wenn schon nicht kaskadieren, wie dann?« Antworten hierauf sind weder in der Literatur noch in der Praxis häufig zu finden. Aus jahrelanger Erfahrung mit diesem Thema heraus habe ich deshalb bei der Einführung von OKR eine Vorgehensweise entwickelt, deren Ursprünge im Hoshin-Kanri-Ansatz liegen und die sich seither in vielen Fällen bewährt hat.

Meine Erfahrung zeigt, dass gerade durch die Vorgehensweise der Zieltransformation mit der Entwicklung eigener Lösungsansätze die Mitarbeiter sehr stark miteingebunden werden und sich insofern auch stärker mit den Zielen identifizieren.

Zieltransformation versus Zielkaskadierung

Zielbeschreibungen von oberen Unternehmensebenen enthalten sehr häufig operative Ziele.

Angenommen, ein Produktionsunternehmen hat sehr lange Rüstzeiten und diese sollen reduziert werden. Wenn dies eine Zielsetzung auf einer hohen Unternehmensebene ist, dann wird man sich schwertun, dieses Ziel weiterzukaskadieren, da man relativ schnell auf der Aktionsebene angelangt ist. Vielmehr sollte sich die Unternehmensführung im OKR-Prozess überlegen, was für ihre »Flughöhe« das entsprechende übergeordnete Ziel sein könnte. Das passende Objective könnte hier in der Tat die Steigerung der Produktivität sein. Die Key Results lassen wir hier im Moment noch außen vor. Zunächst sollte sich die nächste Ebene überlegen, wie sie dazu beitragen kann, die Produktivität zu erhöhen. In einem eher maschinenlastigen Bereich kann die Produktivität durch die Erhöhung der Maschineneffizienz beeinflusst werden, während in einem eher montagelastigen Bereich die Erhöhung der Mitarbeitereffizienz eine Rolle spielt. Mitarbeiter, die eher in Projektearbeit involviert sind, könnten zum Beispiel ihre Projekteffizienz erhöhen.

Durch die Frage auf der nächsten Ebene, wie die Maschineneffizienz erhöht werden kann, kommt man zum Beispiel zu dem Schluss, dass dafür die Maschinenverfügbarkeit verbessert werden muss. Diese kann wiederum durch die geplanten Stillstandzeiten beeinflusst werden. Die geplanten Stillstandzeiten wiederum können durch die Reduzierung der Rüstzeiten gesenkt werden. Um nun auch die Rüstzeiten zu reduzieren, müssen Rüst-Workshops durchgeführt werden. Somit ist man auf der Aktionsebene angelangt und stellt sicher, dass durch geeignete Maßnahmen auf der operativen Ebene zielorientiert gearbeitet wird, um das auf der obersten Ebene definierte Ziel »Erhöhung der Produktivität« zu erreichen.

Allein durch die Frage »Wie können wir das Ziel erreichen?« wird jede Ebene aktiv in den Prozess eingebunden. Die Teams suchen nach Lösungsmöglichkeiten für die für ihre jeweilige Ebene spezifischen OKR zur Erreichung des Ziels und verständigen sich auf die dafür geeigneten Maßnahmen.

Bei dieser Vorgehensweise handelt es sich somit nicht mehr um eine Zielkaskadierung, sondern vielmehr um eine Zieltransformation, da sich die Ziele für die einzelnen Teams inhaltlich angepasst an die jeweilige Hierarchieebene verändern. Da die entwickelten OKR zum Abgleich natürlich wieder nach oben zurückgespielt werden müssen, spricht man in der Managementmethode Hoshin Kanri auch von dem sogenannten Catchball-Prozess (mehr dazu im Kapitel »Abgrenzung zu anderen Managementsystemen«).

Die Zieltransformation muss sich nicht an den Hierarchieebenen orientieren. Oftmals spielt in OKR-Projekten die klassische Hierarchie eine untergeordnete Rolle. Die Ausrichtung erfolgt vielmehr an den Teams und die OKR werden themen- bzw. prozessbezogen transformiert.

> *»Wenn es dem übergeordneten Zweck dient, können mehrere Hierarchieebenen übersprungen werden. Statt vom CEO zu einem Vice President, dann zu einem Direktor und weiter zu einer Abteilungsleiterin heruntergereicht zu werden, könnte ein Objective auch direkt vom CEO zur Abteilungsleiterin oder von einem Direktor zu einem einzelnen Mitarbeiter springen.«*
> (Doerr, 2018, S. 90).

Mögliche Schwierigkeiten

Zieltransformation ist kein einfaches Unterfangen. Man wird dabei immer wieder mit Problemen wie den folgenden konfrontiert:

- **Schwierigkeit Nr. 1:** Im Management arbeitet man sehr häufig mit operativen Zielen. Das führt dazu, dass man auf dieser Ebene in einem Firefighting-Modus ist und damit keine Zeit mehr dafür hat, strategische Ziele zu definieren.
- **Schwierigkeit Nr. 2:** Häufig ist das Denken in Ursache-Wirkungs-Zusammenhängen nicht ausreichend vorhanden. Ziele

lassen sich oft nicht mathematisch aufgliedern. Das ist bei diesem Vorgehen nach OKR-Logik jedoch auch gar nicht beabsichtigt. Vielmehr müssen die wesentlichen Hebel, die für die Zielerreichung maßgeblich sind, herausgearbeitet werden. Anschließend müssen die einzelnen Schritte so überschaubar beschrieben werden, dass die OKR sich für die nächsten drei Monate eignen.

- **Schwierigkeit Nr. 3:** Viele Führungskräfte sind stets auf der Suche nach dem großen Wurf. Das Denken in kleinen Schritten fällt häufig schwer. Das führt automatisch zur nächsten Schwierigkeit.
- **Schwierigkeit Nr. 4:** Sich auf kleine Pakete zu konzentrieren bedeutet auch, sich bewusst dafür zu entscheiden und darauf zu verständigen, was man eben nicht in den nächsten drei Monaten macht.

Der OKR-Transformationsbaum

Den genannten Schwierigkeiten können Sie begegnen, indem Sie Zieltransformationen schlicht und ergreifend üben. Eine wertvolle Unterstützung dabei sind OKR-Transformationsbäume, die ich in allen OKR-Projekten intensiv einsetze. Sie beruhen auf der Basis einer einfachen Vorlage, die ausgesprochen effektiv ist – auf jeder Ebene!

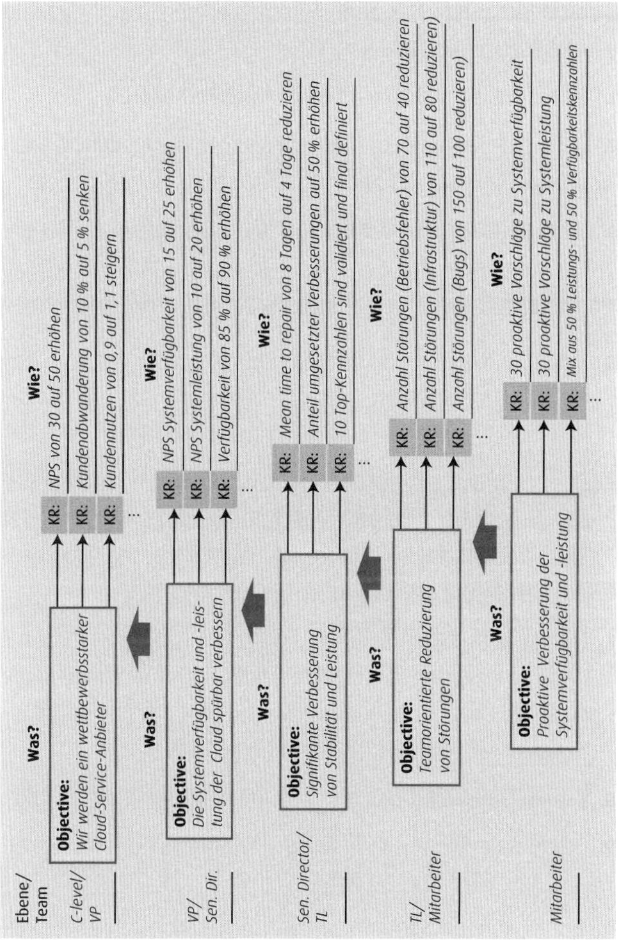

Abb. 15: *Beispiel einer OKR-Transformation im IT-Bereich*

Die Arbeit mit dem Transformationsbaum kann in neun Schritte untergliedert werden:

1. Bilden Sie ein Team mit maximal vier Personen.
2. Definieren Sie mit dem Team ein übergeordnetes Ziel bzw. ein Unternehmensziel (Objective), mit dem Sie starten wollen.
3. Schreiben Sie dieses Objective in den obersten linken Kasten.
4. Legen Sie im Team fest, über wie viele Ebenen oder Teams Sie das Objective herunterbrechen wollen.
5. Bitten Sie das Team, für das oberste Objective maximal drei Key Results zu identifizieren. Dabei ist noch nicht wichtig, ob die Key Results mit Zahlen hinterlegt sind. Es geht hier rein um die Logik.
6. Das Team soll sich jetzt überlegen, mit welchem Objective es auf das obere Objective oder auch das gesamte OKR-Set einzahlen möchte. Bitten Sie das Team, dieses in den zweiten Kasten von oben zu schreiben.
7. Nun geht es darum, für dieses Objective wiederum maximal drei Key Results festzulegen und wieder ein Objective für die nächste Ebene auszuwählen, welches auf das übergeordnete Objective bzw. das OKR-Set einzahlt.
8. Fahren Sie fort, bis das Team die unterste Ebene erreicht hat.
9. Diskutieren Sie im Team die Sinnhaftigkeit und Logik der erarbeiteten Zusammenhänge.

Alternativ können Sie den Zieltransformationsbaum so gestalten, dass ein Key Result der oberen Ebene zum Objective der nächsten Ebene wird. Also beispielsweise: Was ist ein geeignetes Objective, um »den NPS von 30 auf 50 zu erhöhen« (ursprünglich ein übergeordnetes Key Result, siehe Abbildung 15)? Für dieses Objective erarbeiten Sie dann wieder entsprechende Key Results, von denen wieder ein Key Result zum Objective auf der nächsten Ebene wird etc.

Welche Alternative Sie wählen, ist immer abhängig von der Ausgangssituation, und die Auswahl sollte im Team diskutiert werden.

> Lassen Sie sich den Transformationsbaum von unten nach oben erklären.

Die Abbildungen 15 und 16 zeigen OKR-Transformationsbäume, einmal für eine IT-Umgebung und einmal für den industriellen Bereich. In beiden Beispielen wurde ausgehend von einem Ziel auf C-Level-Ebene oder Werkleitungsebene das Ziel über fünf Stufen bis auf Mitarbeiterebene heruntergebrochen. Während Abbildung 15 Key Results mit konkreten Werten beinhaltet, zeigt Abbildung 16 rein die Logik der Ursache-Wirkung-Beziehungen auf.

Abbildung 17 zeigt einen Fall, in dem das Alignment über Teams erfolgte. Ausgehend von dem Objective des Vorstands »Wir wollen profitabel und organisch wachsen«, überlegten sich die Bereichsleiter, bestehend aus Sales, Marketing und Produktmanagement, wie sie dieses Ziel beeinflussen können. Daraus ergab sich ein gemeinsames Objective, welches durch Key Results sowohl von Sales und Marketing als auch Produktmanagement beinflussbar war. Anschließend wurde crossfunktional über Teams erarbeitet, wie Team Marketing, Team

Vertrieb und Team Produktmanagement mit ihren Objectives darauf einzahlen.

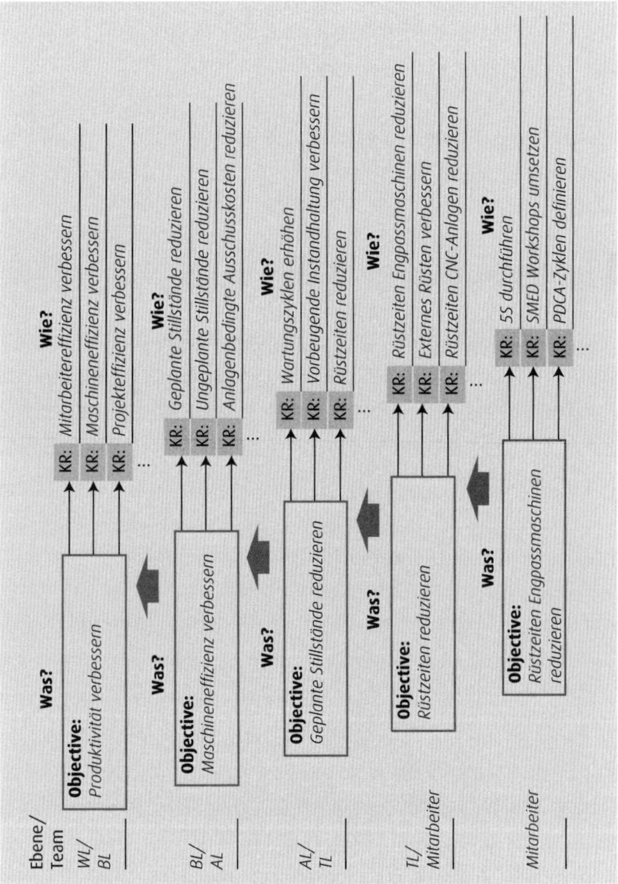

Abb. 16: *Beispiel einer OKR-Transformation im industriellen Bereich*

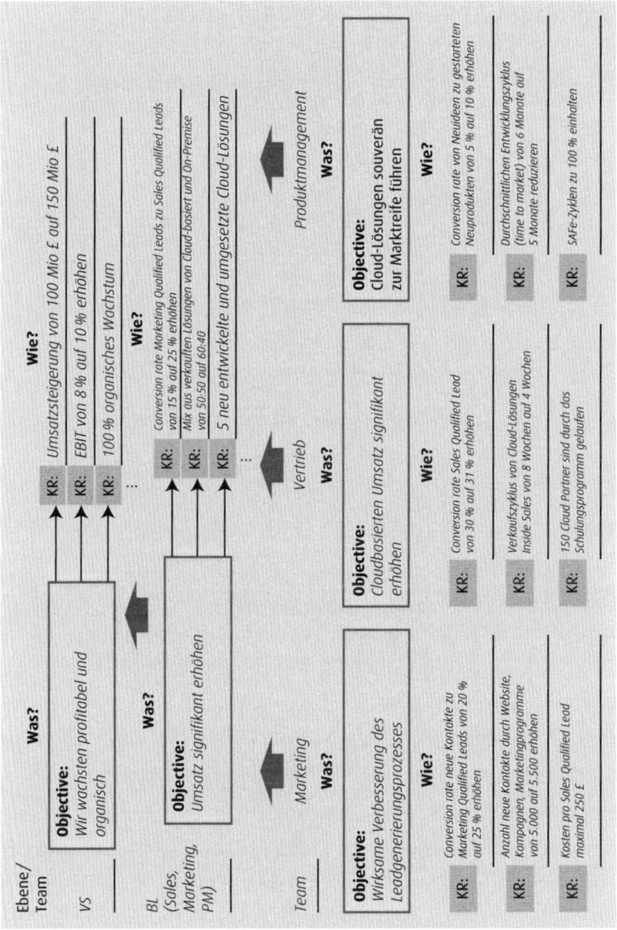

Abb. 17: *Beispiel einer OKR-Transformation über Teams*

OKR-Alignment außerhalb der Hierarchie

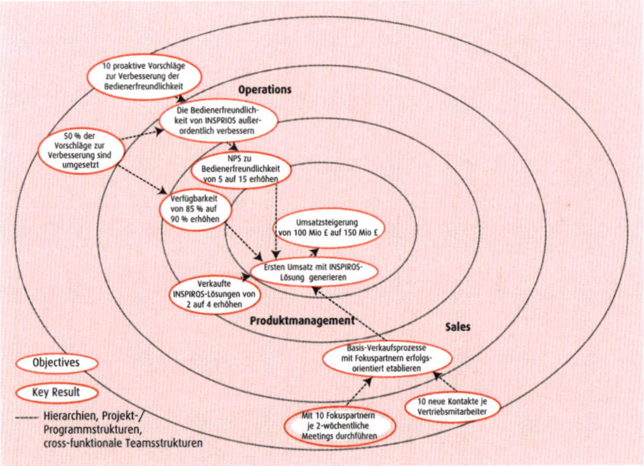

Abb. 18: *Beispiel eines crossfunktionalen OKR-Alignments*

Abbildung 18 zeigt eine Vorgehensweise, die eher einem holokratischen Ansatz näherkommt. Ausgehend von einem Unternehmensziel wird unabhängig von Hierarchiestufen erarbeitet, wer auf welches Objective bzw. Key Result einzahlt. Dabei stellen die grau umrandeten Kreise die Objectives, die rosa umrandeten Kreise die Key Results und die gestrichelten Pfeile die Verbindungen zwischen Objectives und Key Results dar. Die grauen Kreislinien können Hierarchien, Projekt-, Programm- oder cross-funktionale Produktteams darstellen. In unserem Beispiel sind die Hierarchien abgebildet.

Unternehmensziel ist die Steigerung des Umsatzes. Das Produktmanagement, welches für die Entwicklung einer strategisch wichtigen Cloud-Lösung verantwortlich ist, zahlt durch das Objective »ersten Umsatz mit der INSPIROS-Lösung generieren« auf den Gesamtumsatz ein und wird unter anderem durch das Key Result der verkauften Lösungen gemessen. Um diese Cloud-Lösung zu entwickeln und zu vertreiben, werden nicht nur Ressourcen der benachbarten Bereiche benötigt, sondern diese sind auch für die Umsetzung von Key Results verantwortlich. Da es in solchen Fällen häufig zu Zielkonflikten kommt, bietet es sich an, dieses entsprechend zu visualisieren.

Verschiedene Verkaufsteams im Bereich Sales sind mit ihrem Objective dafür zuständig, dass Basis-Verkaufsprozesse mit den Fokuspartnern etabliert werden. Sie haben dafür entsprechende Key Results definiert. Ihr Objective zahlt auf das Objective des Produktmanagements ein.

Zusätzlich arbeiten im Bereich Operations Teams mit ihren Key Results daran, dass beispielsweise durch die Erhöhung des NPS in Bezug auf die Bedienerfreundlichkeit sowie die Erhöhung der Verfügbarkeit das Objective »Umsatz mit INSPIROS-Lösung erhöhen« im Produktmanagement verbessert wird. Diese Key Results beeinflussen somit direkt ein Objective eines anderen Bereichs.

Hingegen können diese Key Results wiederum durch Objectives innerhalb von Operations beeinflusst werden. Beispielsweise wirkt innerhalb von Operations das Objective »Bedienerfreundlichkeit von INSPIROS außerordentlich verbessern« auf das Key Result »NPS Bedienerfreundlichkeit von 5 auf 15 erhöhen«. Dieses Objective wird wiederum durch weitere Key Results in Bezug auf proaktive Vorschläge zur Bedienerfreundlichkeit sowie einer Umsetzungsquote von Verbesserungsvorschlägen gemessen.

Zusammenfassend lässt sich festhalten, dass OKR unabhängig von der Hierarchie und vom Bereich untereinander vernetzt sein können. So können Objectives eines Bereichs direkt von Objectives anderer Bereiche beeinflusst werden. Ebenso können auf ein Objective Key Results anderer Bereiche einwirken.

Im Beispiel aus Abbildung 19 geht es ebenfalls um die Steigerung des Umsatzes. Hier wurden unabhängig von der Hierarchie Programme zur Weiterentwicklung des Unternehmens sowie crossfunktionale Produktteams zur Steigerung des digitalen Umsatzes definiert. Für alle drei Programme wurden Objectives mit zugehörigen Key Results erarbeitet.

Hinter jedem Programm hängt eine Projektstruktur mit circa drei bis sechs Projektteams, die wiederum mit ihren Objectives und Key Results auf die Programme einzahlen. Bei den crossfunktionalen Produktteams gibt es circa fünf bis acht Entwicklungsteams, die ebenso mit ihren Objectives und Key Results die Objectives der Produktteams beeinflussen. Die Entwicklungsteams selbst arbeiten auf Basis der Scrum-Methode.

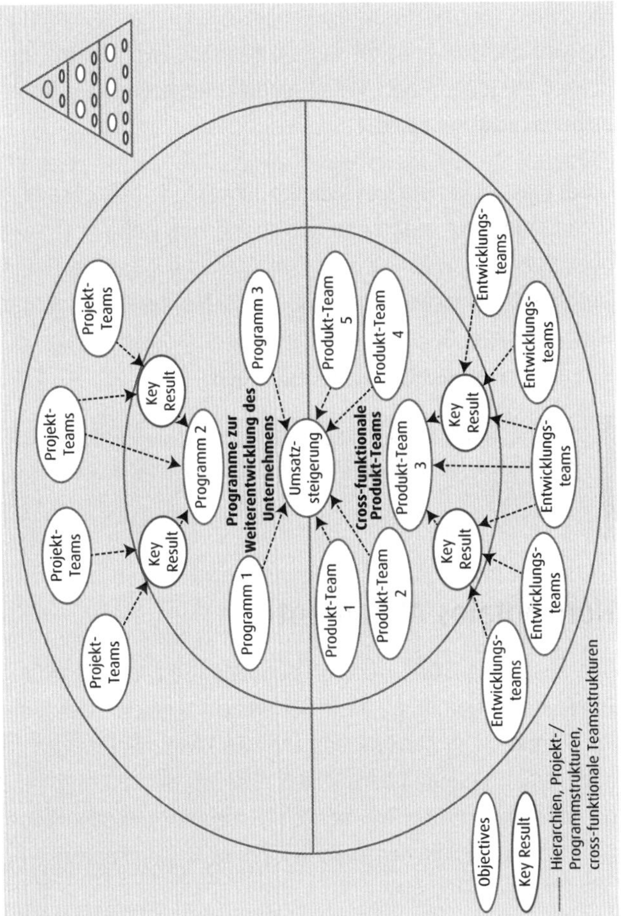

Abb. 19: *Beispiel eines crossfunktionalen OKR-Alignments in Kombination mit Hierarchien*

Mit einem solchen Ansatz agieren Sie erst einmal frei von Hierarchien und forcieren die Selbstorganisation von Teams. Bedenken Sie jedoch, dass viele Unternehmen nach wie vor hierarchisch organisiert sind.

Unser Beispiel bezieht sich lediglich auf einen Teil der gesamten Organisation. Wesentliche Bereiche, wie zum Beispiel Vertrieb oder Operations, die nach wie vor klassisch organisiert sind, sind hier noch nicht berücksichtigt. Möchte ein Unternehmen auch für diese Bereiche OKR definieren, gilt es natürlich die Pyramide oben rechts zu berücksichtigen.

> Wenn Sie in agilen Teams arbeiten und OKR unternehmensweit einführen wollen, kann durchaus auch ein Mix aus hierarchiefreiem OKR-Alignment und an der Hierarchie orientiertem OKR-Alignment Sinn machen.

Horizontales Alignment

Der Ansatz von OKR verfolgt den Grundsatz der absoluten Transparenz. Damit soll nicht nur erreicht werden, dass jeder im Unternehmen die OKR des anderen kennt. Ziel dessen ist auch, einen unternehmensweiten Abgleich der OKR und eine gemeinsame Ausrichtung möglich zu machen, um Silodenken, Zielkonflikte, Schnittstellenprobleme und Ressourcenengpässe möglichst zu vermeiden.

Gerade diese horizontalen und bereichsübergreifenden Abstimmungen und Vereinbarungen fehlen bei klassischen MbO-

Prozessen. Darin werden zwar unzählige Zielvereinbarungen in Eins-zu-eins-Dialogen getroffen und vertikal vereinbart, allerdings ohne die Zusammenhänge oder Beziehungen zwischen benachbarten Bereichen oder Abteilungen zu berücksichtigen. Horizontale Zielabstimmung zwischen den Beteiligten derselben Ebene findet so gut wie nie statt.

Viele Unternehmen, die OKR einführen, begehen häufig schon auf Managementebene den Fehler, dass sie in diesen Eins-zu-eins-Dialogen mit der nächsten Ebene OKR vereinbaren.

Deswegen empfehle ich Ihnen, die OKR mit dem gesamten Management gemeinsam zwischen Ebene 1 und Ebene 2 zu erarbeiten (siehe Abb. 20).

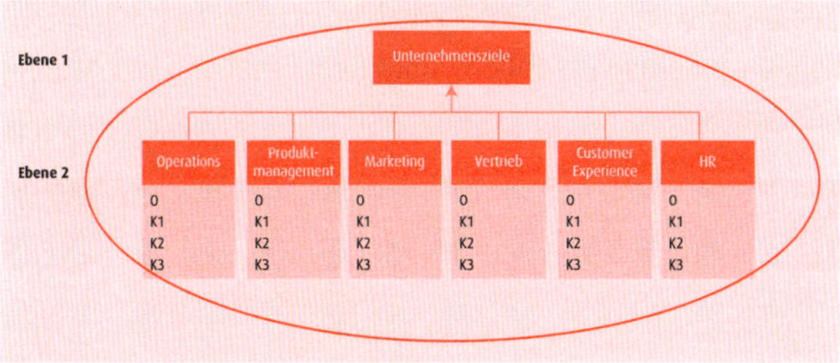

Abb. 20: *OKR-Erarbeitung auf erster und zweiter Ebene*

Lassen Sie die Teams anschließend eine Art Servicelevel Agreement (SLA) ausarbeiten. Für OKR, die nur mit Unterstützung von anderen Bereichen umgesetzt werden können, müssen zudem folgende Aspekte abgestimmt werden:

- In welcher Form ist die Unterstützung erforderlich?
- Ob bzw. wann stehen die entsprechenden Ressourcen zur Verfügung?

Schaffen Sie in diesen Fragen Klarheit ähnlich wie bei einer Vorfahrtsregelung.

Sehr häufig brauchen insbesondere zentrale Abteilungen wie IT, HR oder Controlling Unterstützung, wenn es um das Alignment geht. Aber auch zwischen Fachbereichen wie Vertrieb, Produktion und Einkauf gibt es Alignment-Bedarf. Zur Vorbereitung empfehle ich sowohl den Verantwortlichen als auch den Unterstützern, die in der folgenden Tabelle visualisierten Leitfragen (Traffic Rules) zu verwenden. Diese Traffic Rules helfen den Verantwortlichen bei der Priorisierung ihrer Ressourcen. Sie können zudem ein wichtiger Input für Investitionsentscheidungen sein.

Leitfragen zur horizontalen Abstimmung	
Leitfragen Verantwortlicher	**Leitfragen Unterstützer**
Was benötige ich von meinem Unterstützer, um überhaupt starten zu können?	Was konkret wird von mir erwartet?
Was benötige ich wann in der weiteren Umsetzung?	Wann sollte was aus Sicht des Verantwortlichen vom Unterstützer beigetragen werden?
Wo sehe ich Zielkonflikte?	Wo sehe ich Zielkonflikte?

<table>
<tr><th colspan="2">Leitfragen zur horizontalen Abstimmung</th></tr>
<tr><th>Leitfragen Verantwortlicher</th><th>Leitfragen Unterstützer</th></tr>
<tr><td rowspan="3">Falls Investitionen/Investitionsfreigaben notwendig sind:
▪ Wie hoch sind diese?
▪ Was benötige ich hier von meinem Unterstützer?</td><td>Gibt es bereits eine Meilensteinplanung?</td></tr>
<tr><td>Wo muss ich in jedem Fall miteingebunden sein?</td></tr>
<tr><td>Wo benötige ich mehr Infos oder Zahlen, Daten, Fakten?</td></tr>
<tr><td>Welche weiteren Informationen benötige ich in Bezug auf die Umsetzung?</td><td>Welcher Ressourcenbedarf wird von mir und meiner Abteilung benötigt?</td></tr>
<tr><td>Welche Ressourcen benötige ich vom Unterstützer für die unterjährige Umsetzung?</td><td>Falls Investitionen/Investitionsfreigaben notwendig sind:
▪ Liegt bereits eine Investitionsplanung und -bewertung vor?
▪ Ist der Impact auf strategische Ziele bewertet (z.B. Nutzwertanalyse)?
▪ Liegt ein Ressourcenbedarf vor?</td></tr>
<tr><td>Welche Ressourcen benötige ich vom Unterstützer für die weitere Ziel-Planung?</td><td>Wo benötige ich eine bessere Priorisierung?</td></tr>
</table>

Die folgende Tabelle zeigt ein Beispiel für ein SLA zwischen dem Leiter Produktion und dem Leiter Management. Der Leiter Produktion ist verantwortlich für die Reduzierung der Durchlaufzeiten. Um dieses Ziel zu erreichen, ist er auf methodische Unterstützung von Lean Management angewiesen. Beide haben sich im Rahmen ihres SLA abgestimmt, wer was bis wann macht. Der Bereich Produktion muss zunächst dafür sorgen, dass alle notwendigen Rahmenbedingungen geschaffen sind. Lean Management plant daraufhin die Trainings ein.

<table>
<tr><td colspan="2">Objective: Signifikante Reduzierung der Durchlaufzeiten bei den Top-3-Produktgruppen durch Implementierung von Wertstrom-Management</td></tr>
<tr><td colspan="2">Verantwortlicher: Leiter Produktion</td></tr>
<tr><td>Was?</td><td>Bis wann?</td></tr>
<tr><td>Zurverfügungstellen der erforderlichen Ressourcen für die Schulungen und die Wertstrom-Analyse</td><td>Zu den jeweiligen Terminen</td></tr>
<tr><td>Aufbereiten von erforderlichen Zahlen, Daten, Fakten zu den jeweiligen Produktgruppen</td><td>Je bis zum 1.3, 1.4., 1.5.</td></tr>
<tr><td>Sicherstellen der Voraussetzungen für einen reibungslosen Ablauf bei den Vor-Ort-Analysen</td><td>Zu den jeweiligen Terminen</td></tr>
<tr><td colspan="2">Unterstützer: Leiter Lean Management</td></tr>
<tr><td>Was?</td><td>Bis wann?</td></tr>
<tr><td>Schulung Abteilungsleiter und Verantwortliche in der Technik zum Wertstrom-Management</td><td>Bis 28.2.</td></tr>
<tr><td>Begleitung Analyse, Soll-Wertstrom Produktgruppe und Aufsetzen erster Maßnahmen
Produktgruppe 1</td><td>Bis 31.3.</td></tr>
<tr><td>Begleitung Analyse, Soll-Wertstrom Produktgruppe und Aufsetzen erster Maßnahmen
Produktgruppe 2</td><td>Bis 31.4.</td></tr>
<tr><td>Begleitung Analyse, Soll-Wertstrom Produktgruppe und Aufsetzen erster Maßnahmen
Produktgruppe 3</td><td>Bis 31.4.</td></tr>
<tr><td>Konzept vor Visualisierung und Regelkommunikation</td><td>Bis 31.3.</td></tr>
</table>

Vor allem Zentralabteilungen wie zum Beispiel IT, HR, Lean Management etc. müssen in vielen Bereichen bei der Zielumsetzung unterstützen. Sie werden somit schnell zum Engpass in der Organisation. Für diese Bereiche bietet sich daher ebenfalls die Erarbeitung von SLA oder Traffic Rules an.

> Arbeiten Sie immer dann mit SLA, wenn Sie auf die Unterstützung von anderen Bereichen angewiesen sind. Das spart Zeit und Irritationen im späteren Umsetzungsprozess. Beachten Sie dabei, dass die SLA nicht zu einem bürokratischen Regelwerk geraten.

Für alle definierten Key Results werden abschließend die Planwerte sowie die Zielerreichungsgrade festgelegt.

Wie Sie OKR mit der Team- und Mitarbeiterebene verbinden

In diesem Abschnitt zeige ich Ihnen Varianten für OKR auf den Ebenen 2 und 3 unseres Beispielunternehmen. Dabei wurden in einem ersten Schritt OKR, abgeleitet von den Unternehmenszielen, für die Bereiche Marketing, Vertrieb, Produktmanagement, Operations und Human Resources (Ebene 2) definiert. Im zweiten Schritt wurden ausgehend von den Bereichs-OKR der Ebene 2 die OKR für die Abteilungen bzw. Teams (Ebene 3) definiert.

> Es ist wichtig, dass Sie bei der Erarbeitung der OKR bereits wissen, ob Sie diese auf eine weitere Ebene oder auf weitere Teams herunterbrechen wollen. Davon abhängig wird sich die Auswahl der Key Results auf den oberen Ebenen jeweils anders gestalten.

In unserem Beispiel soll die Transformation der OKR auf eine dritte Ebene erfolgen. Zunächst werden also die wesentlichen OKR für die Ebene 2 herausgearbeitet, die auf das Wachstumsziel ausgerichtet sind. Das sind hauptsächlich OKR für Marketing und Vertrieb, bei denen es um die Steuerung des Vertriebsprozesses (Sales Funnel) geht.

Marketing – die Ebene 2

Das Marketing auf Ebene 2 verfolgt das Ziel, die Leadgenerierung zu verbessern. Es bearbeitet somit die ersten Stufen des Sales Funnels:

- **Objective:** Die Effektivität der Leadgenerierung bedeutsam verbessern
- **KR1:** Conversion Rate neue Kontakte zu Marketing Qualified Leads von 20 % auf 25 % erhöhen
- **KR2:** Conversion Rate Marketing Qualified Lead zu Sales Qualified Lead (SQL) von 15 % auf 17 % erhöhen
- **KR3:** Marketingkosten im Verhältnis zum Umsatz von 25 % sicherstellen

Bei einem gut etablierten Sales Funnel sehen Sie bereits Wochen oder Monate im Voraus, wie sich der Neukunden-Umsatz entwickeln wird. Deswegen bildet das Objective für Marketing mit den ersten beiden KRs die ersten Stufen des Sales Funnels ab und kann nur Hand in Hand mit dem Vertrieb erfolgreich umgesetzt werden.

Wie bereits oben erwähnt, macht es zur horizontalen Abstimmung von OKR zwischen Bereichen Sinn, sogenannte Servicelevel Agreements (SLA) abzuschließen, um die jeweils zu erbringenden Leistungen im Hinblick auf die Zielerreichung transparent zu machen. Das Ziel des Marketingbereichs ist es, eine bestimmte Anzahl von geeigneten Leads zu generieren, die entsprechend durch den Vertrieb abzuarbeiten sind. Wenn es solche SLA nicht gibt, besteht die Gefahr, dass der Vertrieb mit der Anzahl und der Qualität von Leads nicht zufrieden ist und das Marketing immer den Zweifel hegt, ob der Vertrieb auch wirklich alles tut, um die mit viel Mühe generierten Leads als Kunden zu gewinnen.

In KR3 wurde des Weiteren definiert, den Anteil der Marketingkosten im Verhältnis zum Umsatz auf dem bisherigen Niveau zu belassen. Wie erwähnt, ist der Abstraktionsgrad durch die Prozentwerte auf dieser Ebene noch relativ hoch. Diese werden jedoch auf der dritten Ebene konkreter gefasst.

Marketing – die Ebene 3

Ziel auf der Abteilungsebene ist es nun, operativ den Leadgenerierungsprozess zu verbessern. Deswegen werden wir auf dieser Ebene viel konkreter. Wir arbeiten hier vornehmlich mit exakten Zahlen und nicht mehr mit Prozentwerten:

- **Objective:** Wirksame Verbesserung des Leadgenerierungsprozesses
- **KR1:** Anzahl neue Kontakte durch Website, Kampagnen, Marketingprogramme von 5.000 auf 5.500 erhöhen

- **KR2:** Anzahl Marketing Qualified Leads von 1.000 auf 1.375 erhöhen
- **KR3:** Anzahl Sales Qualified Leads von 150 auf 234 erhöhen
- **KR4:** Kosten pro Sales Qualified Lead maximal 250 Euro

Wichtig ist, dass die Mitarbeiter auf Messgrößen zugreifen können, die für sie beeinflussbar und leicht verständlich sind. Während auf der Ebene 2 die Conversion Rates im Sales Funnel relevant waren, sind es nun entsprechende Frühindikatoren wie die Anzahl von Website-Besuchern, die Anzahl von Marketing Qualified Leads sowie die Anzahl der Sales Qualified Leads. Ebenso wurde als weiterer Key Result definiert, die Kosten pro Sales Qualified Lead zu beschränken.

Vertrieb – die Ebene 2

Der Marketingbereich hat potenzielle Kunden mit Kaufabsicht generiert. Anschließend geht es darum, dass sie persönlich von Sales-Mitarbeitern kontaktiert und möglichst zu Kunden umgewandelt werden. Deshalb wird der Vertrieb an der Erhöhung des Umsatzes gemessen:

- **Objective:** Cloud-basierten Umsatz signifikant erhöhen
- **KR1:** Umsatz Inside Sales von 5 Millionen auf 7 Millionen Euro erhöhen
- **KR2:** Conversion Rate Sales Qualified Lead zu Kunden von 30 % auf 31 % erhöhen

- **KR3:** Verkürzung des Verkaufszyklus von Cloud-Lösungen Inside Sales von 8 Wochen auf 4 Wochen
- **KR4:** Umsatz Cloud-Partner von 25 Millionen auf 30 Millionen Euro
- **KR5:** Mix aus verkauften Lösungen von Cloud-basiert und On-Premise von 50:50 auf 60:40

In unserem Beispiel soll der Umsatz von Inside Sales erhöht werden. Dies soll zum einen dadurch erreicht werden, dass mehr SQL zu Kunden umgewandelt werden, und zum anderen, dass der Verkaufszyklus verkürzt wird. Daneben beinhalten die Key Results für den Vertrieb nicht nur Inside Sales, sondern auch den Umsatz, der mit dem Partnergeschäft gemacht wird. Die große Klammer ist hier, dass eine Verschiebung von On-Premise-Lösungen (vor Ort installierter Software) zu Cloud-basierten Lösungen erfolgt.

Vertrieb – die Ebene 3

Auf der nächsten Ebene wird das Objective nun aufgeteilt, einmal in Sales durch Partnergeschäfte und einmal in Inside Sales.

OKR für Sales durch Partnergeschäfte

- **Objective:** Leistungsorientierte Qualifikation der Cloud-Partner sicherstellen
- **KR1:** 150 Cloud-Partner sind durch das Schulungsprogramm gelaufen

- **KR2:** Das Partnerfeedback der Schulungen ist 1,4
- **KR3:** 5 Webinare zur Schulung von Cloud-Partnern sind entwickelt

OKR für Inside Sales:

- **Objective:** Etablieren eines überdurchschnittlich schnellen und effektiven Verkaufsprozesses für Cloud-Lösungen im Inside Sales
- **KR1:** Verkaufte Lösungen von 45 auf 72 Stück erhöhen
- **KR2:** Analyse des Verkaufsprozesses für drei Cloud-Lösungen
- **KR3:** Umsetzung von je drei Maßnahmen je Verkaufsprozess

Von der Logik her verläuft der Prozess ähnlich wie bei den Marketing-OKR. Auf der Ebene 3 finden sich nun Frühindikatoren für die Ebene 2 wieder, die meist als absolute Zahlen definiert werden. Beispielsweise geht es bei den Partnern in diesem Quartal darum, die Qualifikation zu erhöhen, was wiederum auf den Umsatz mit Cloud-Partnern auf Ebene 2 einzahlt. Inside Sales hat sich für das kommende Quartal zum Ziel gesetzt, die Verkaufsprozesse zu verbessern. Das messen sie anhand der verkauften Lösungen sowie daran, dass sie den Prozess von drei Cloud-Lösungen analysieren sowie bereits Maßnahmen umgesetzt haben wollen.

Produktmanagement – die Ebene 2

Die Markteinführung von neuen Produkten war in unserem Beispielunternehmen bisher eine große Schwachstelle des

Produktmanagements. Für das kommende Quartal soll diese Schwäche konsequent angegangen und gesteuert werden:

- **Objective:** Cloud-Lösungen souverän zur Marktreife führen
- **KR1:** Conversion Rate von Neuideen zu gestarteten Neuprodukten von 5 % auf 10 % erhöhen
- **KR2:** 5 neu entwickelte und umgesetzte Cloud-Lösungen
- **KR3:** Steigerung der Termineinhaltung von 50 % auf 75 %
- **KR4:** Durchschnittlichen Entwicklungszyklus (Time to Market) von sechs Monate auf fünf Monate reduzieren
- **KR5:** NPS zu Bedienerfreundlichkeit von 35 auf 40 erhöhen

In diesem Quartal wird sich das Produktmanagement auf mehrere KRS konzentrieren, um Cloud-Lösungen zur Marktreife zu führen. So spielt die Conversion Rate von Neuideen zu gestarteten und umgesetzten Neuprodukten eine große Rolle. Dies wird durch die Einhaltung der Termine bei Entwicklungsprojekten flankierend gesteuert werden. Insgesamt soll dadurch die Time to Market reduziert werden. Letztendlich wird der Erfolg durch den Kunden anhand der Bedienerfreundlichkeit mithilfe der Kennzahl NPS gemessen.

Produktmanagement – die Ebene 3

Auf Ebene 3 teilt sich das Objective in eine Verbesserung des Ideenprozesses und in die Verkürzung der Planungs- und Entwicklungszyklen auf.

OKR für die Verbesserung des Ideenprozesses

- **Objective:** Einen vorzeigewürdigen Best-Practice-Ideenprozess etablieren
- **KR1:** Generierung von 50 neuen Ideen
- **KR2:** 5 neue Ideen werden als Prio-1-Ideen gemäß Kriterien definiert
- **KR3:** Prio-1-Ideen wurden zu 100 % Kundentests unterzogen

OKR für die Verkürzung der Planungs- und Entwicklungszyklen

- **Objective:** Zuverlässiges Verkürzen von Planungs- und Entwicklungszyklen mittels der Implementierung von SAFe
- **KR1:** Reduzierung gemeldeter Bugs von 20 auf 10 pro Produkt
- **KR2:** SAFe-Zyklen zu 100 % einhalten
- **KR3:** Anteil automatisierter Tests von 20 % auf 35 % erhöhen
- **KR4:** 100 % Einhaltung der kontinuierlichen Up-date-Meetings zur Reduzierung von technischen Abhängigkeiten

Der Ideenprozess wird im folgenden Quartal dadurch verbessert, dass mehr Neuideen generiert werden. Aus demselben Grund sollen diese neuen Ideen eindeutiger als in der Vergangenheit bewertet werden. Das Unternehmen hatte in den Quartalen zuvor damit begonnen, das SAFe-Framework einzuführen. Nun geht es darum, gemeldete Bugs zu reduzieren sowie die SAFe-Zyklen einzuhalten, automatisierte Test zu steigern sowie technische Abhängigkeiten zu reduzieren.

Operations – die Ebene 2

Die Leistung von Operations betreffend die Systemverfügbarkeit und -leistung spiegelt sich stark in der wahrgenommenen Qualität durch den Kunden wider. Deswegen zahlt dieses OKR vornehmlich auf den NPS ein.

- **Objective:** Die Systemverfügbarkeit und -leistung der Cloud spürbar verbessern
- **KR1:** NPS für Systemverfügbarkeit von aktuell 15 auf 25 erhöhen
- **KR2:** NPS für Systemleistung von aktuell 10 auf 20 erhöhen
- **KR3:** Verfügbarkeit von 85 % auf 90 % erhöhen
- **KR4:** Mean Time to Repair von 8 Tagen auf 4 Tage reduzieren
- **KR5:** Anteil umgesetzter Verbesserungen an Verbesserungsideen von 50 %

Jahresziel ist es, den unternehmensweiten NPS von 30 auf 50 zu steigern. Dieser wird regelmäßig in Unterkategorien wie Systemverfügbarkeit und Systemleistung gemessen. Da beide Unterkategorien unterschiedliche Ausgangswerte haben, sind die Zielwerte für das Quartal auch unterschiedlich.

Neben der Kundenwahrnehmung werden auch für »harte« Werte wie die tatsächliche Systemverfügbarkeit sowie für die Wiederherstellungszeit (Mean Time to Repair) klare Quartalsziele gesetzt. Um sicherzustellen, dass konsequent an den Zielen gearbeitet wird, wurde zusätzlich der Anteil umgesetzter

Verbesserungsideen in Bezug auf Systemverfügbarkeit und -leistung als KR definiert.

Operations – die Ebene 3

Auf der dritten Ebene wird das Objective in drei OKR aufgeteilt:

1. Systemstabilität,
2. Systemverfügbarkeit und
3. Verbesserung der Transparenz der Kennzahlen.

OKR für Systemstabilität

- **Objective:** Proaktive und spürbare Verbesserung von Stabilität und Leistung
- **KR1:** Anzahl Störungen aufgrund Betriebsfehler (zum Beispiel Serverausfall) von 70 auf 40 reduzieren
- **KR2:** Anzahl Störungen aufgrund der Infrastruktur von 110 auf 80 reduzieren
- **KR3:** Anzahl Störungen aufgrund von Bugs (Produktfehler) von 150 auf 100 reduzieren
- **KR4:** 30 proaktive Vorschläge zur Verbesserung der Systemleistung

OKR für Systemverfügbarkeit

- **Objective:** Proaktive und teamorientierte Verbesserung der Systemverfügbarkeit

- **KR1:** Anzahl durchschnittliche Ausfallzeit pro Monat von 15 Stunden auf 5 Stunden reduzieren
- **KR2:** 30 proaktive Vorschläge zur Verbesserung der Systemleistung

OKR für die Verbesserung der Transparenz der Kennzahlen

- **Objective:** Grundlegende Verbesserung der Transparenz von Verfügbarkeits- und Leistungskennzahlen
- **KR1:** Zehn Top-Kennzahlen sind validiert und final definiert
- **KR2:** Nutzer sind zu 100 % zufrieden
- **KR3:** 50 % Leistung und 50 % Verfügbarkeitskennzahlen
- **KR4:** Neue Kennzahlen sind zu 100 % in der gesamten Organisation kommuniziert

Betreffend das Objective für Systemstabilität wurden auf Basis einer Pareto-Analyse die wesentlichen Störungen identifiziert. Für das kommende Quartal wird deswegen der Fokus auf Betriebsfehler, Störungen aufgrund der Infrastruktur und Bugs gelegt. Sowohl beim Objective für Systemstabilität als auch für Systemverfügbarkeit sollen proaktive Vorschläge seitens des Teams generiert werden.

Neben den zwei performance-orientierten Kennzahlen geht es im letzten Objective um die Verbesserung der Kennzahlen-Transparenz im Bereich Operations.

Human Resources – die Ebene 2

Das Unternehmen hat sich mittelfristig zum Ziel gesetzt, den Top-Job-Award zu gewinnen. Ein wesentlicher Aspekt, den Human Resources hierfür verfolgt, ist die Verbesserung der Unternehmenskultur:

- **Objective:** Eine auszeichnungswürdige Unternehmenskultur schaffen
- **KR1:** 15 Workshops mit den Fachbereichen zur Maßnahmenerarbeitung werden von HR moderiert
- **KR2:** Das Teilnehmerfeedback beträgt 1,4
- **KR3:** Je Bereich sind drei Maßnahmen aus der Mitarbeiterbefragung umgesetzt

Bei diesem Objective handelt sich um ein Ziel, welches sicherlich nicht innerhalb des nächsten Quartals erreicht werden kann. Dennoch sind mit den Key Results erste Messgrößen definiert worden, die darauf einzahlen. Sie betreffen insbesondere Aktivitäten des HR-Bereichs, wie zum Beispiel von HR durchgeführte Workshops sowie das hierfür erhaltene Feedback der Teilnehmer. Zusätzlich lässt sich HR an den umgesetzten Maßnahmen der Fachbereiche messen. Das erfordert eine klare Abstimmung mit den Bereichskollegen.

> Nicht immer lassen sich Objectives klar und eindeutig bezogen auf ein Quartal definieren. Je ambitionierter, also unbequemer und herausfordernder, sie sind, desto schwieriger wird dies. Zum anderen werden sie generischer formuliert sein, wenn die Objectives auf weitere Ebenen der Organisation heruntergebrochen werden sollen. Stellen Sie deswegen unbedingt sicher, dass die Key Results auf das Quartal ausgerichtet sind.

Human Resources – die Ebene 3

Das Team von Human Resources hat sich für das folgende Quartal zum Ziel gesetzt, das Thema Unternehmenskultur zunächst auf der Topmanagementebene anzugehen. Hierfür sollen auf der Führungsebene 1 Werte-Kompetenzprofile erstellt und getestet werden. Daneben sollen der Rekrutierungsprozess sowie der Integrationsprozess neuer Mitarbeiter verbessert werden.

OKR für Werte-Kompetenzprofile auf Ebene 1

- **Objective:** Eine auszeichnungswürdige Führungskultur auf der ersten Managementebene schaffen
- **KR1:** Für Führungsebene 1 sind Werte-Kompetenzprofile zu 100 % erstellt
- **KR2:** Die Werte-Kompetenzprofile sind bei allen Managern zu 100 % getestet
- **KR3:** Anpassungen aus den Tests sind zu 100 % umgesetzt

OKR für Rekrutierungsprozesse

- **Objective:** Einen beispiellosen Rekrutierungsprozess etablieren
- **KR1:** Durchschnittliche Dauer von der Bewerbung bis zur Einstellung von 8 Wochen auf 6 Wochen reduzieren
- **KR2:** Je ausgeschriebene Stelle werden 10 Bewerbungen eingereicht

OKR für Integrationsprozesse

- **Objective:** Einen hochwirksamen Prozess für die Integration neuer Mitarbeiter einführen
- **KR1:** Für 75 Kostenstellen ist je ein Pate definiert
- **KR2:** Alle sind zu 100 % gemäß Aufgabenbeschreibung geschult
- **KR3:** Allen 15 neuen Mitarbeitern wurde das Einarbeitungsprogramm vorgestellt

Festlegen von Maßnahmen

Beachten Sie, dass Sie bei der OKR-Planung nicht nur die Objectives und die Key Results definieren. Sie müssen auch die nächsten Maßnahmen festlegen, denn ohne diese wird sich kein Fortschritt einstellen. Dabei ist es wichtig, dass Sie nicht eine komplette Maßnahmenplanung bis zum Ende des Quartals vornehmen, sondern nur bis zum nächsten Weekly, welches in der ersten Woche des neuen Quartals stattfindet.

Allerdings bietet es sich durchaus an, in der OKR-Planung die groben Meilensteine bis zum Ende des Quartals festzulegen. Es geht dabei jedoch nicht darum, die Projektpläne bis Ende des Jahres im Detail auszuarbeiten, sondern darüber nachzudenken, was die wichtigsten Meilensteine mit den dazugehörigen Maßnahmen sind, die während des Quartals agil bzw. kurzzyklisch umgesetzt werden müssen.

Es ist so ähnlich wie bei der Planung einer mehrtägigen Bergtour. Hierfür müssen Sie sich überlegen, welche Etappen Sie schaffen können, welche Zwischenziele Sie ansteuern wollen und wo sich Hütten befinden, in denen Sie übernachten können. Sie werden definitiv nicht die gesamte Tour bis ins kleinste Detail planen, denn es ist sehr wahrscheinlich, dass Sie Ihre Pläne aufgrund von geänderten Wetterbedingungen ändern müssen. Daher sollten Sie in der Lage sein, Ihre Route flexibel anzupassen und womöglich in einer anderen Hütte zu übernachten. Für denjenigen, der die gesamte Route nicht im Detail geplant hat, wird dies kein Problem darstellen. Am besten ist es also, die detaillierte Route nur bis zur nächsten Hütte zu planen, aber nicht weiter.

Übertragen wir diese Gedanken auf die Meilensteinplanung, ergibt sich folgendes Bild.

- Schwarz umrandet: Das Objective mit der Beantwortung der Frage nach dem »Warum«
- Schwarz gepunktete Linien: Die Key Results
- Rot umrandet: Die Aktionen

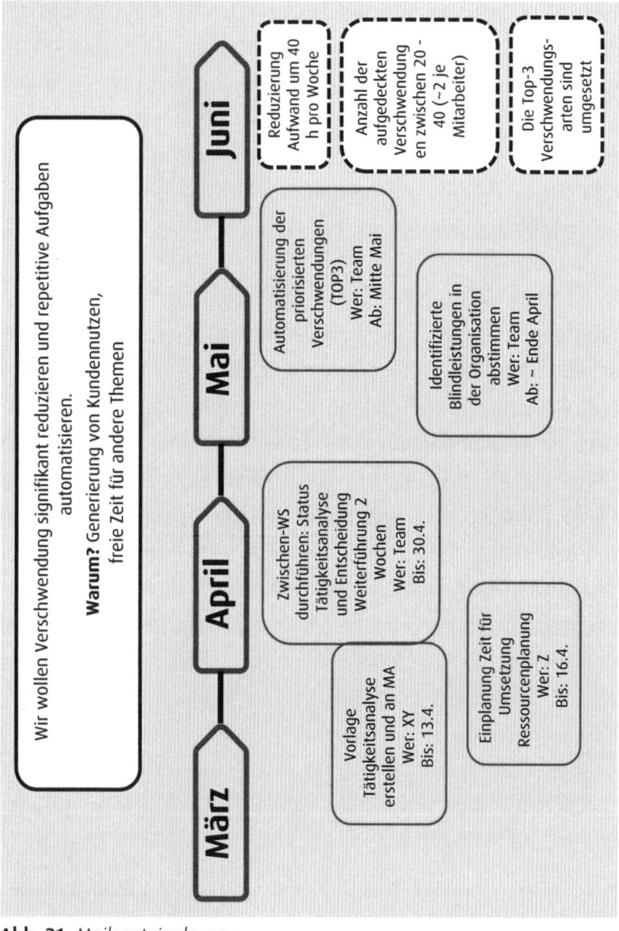

Abb. 21: *Meilensteinplanung*

Planwerte festlegen und Zielerreichung bewerten

Die Objectives sind qualitativ, die Key Results hingegen quantitativ definiert und somit messbar. Daraus folgt, dass man sich darüber Gedanken machen muss,

1. was der konkrete Zielwert für das nächste Quartal ist,
2. wie man regelmäßig den aktuellen Status misst und
3. wie der Zielerreichungsgrad beurteilt wird.

Schritt 1: Jumping-off Point festlegen

Prüfen Sie, ob zu dem definierten Key Result ein aktueller Wert, der sogenannte Jumping-off Point (JOP), existiert. In Abhängigkeit davon lässt sich beurteilen, wann ein Quartalsziel als ambitioniert gilt.

In Beispiel 1 (siehe die folgende Tabelle, Beispiel 1) haben wir bei einem JOP von 85 % Verfügbarkeit und einem Quartalsziel von 90 % eine Steigerung von 6 %, während in Beispiel 2 (siehe die zweite Tabelle, Beispiel 2) eine Steigerung von 80 % vorliegt.

Generell sollte das Key Result ambitioniert sein und bei erstrebenswerten Zielen nur sehr schwer erreichbar. Dennoch kann je nach Kontext eine 6-%-Steigerung genauso ambitioniert sein wie eine 80-%-Steigerung. Sehen Sie sich deswegen, wenn möglich, historische Daten an und lassen Sie das Team einschätzen, wie zuversichtlich die Beteiligten sind, das Ziel zu erreichen. Eine Einschätzung von 50-%-Wahrscheinlichkeit deutet auf ein eher schwer erreichbares Ziel hin.

Überprüfung der Key Results – Beispiel 1

Key Result	JOP		Jan	Feb	März	Quartalsziel März
Erhöhung der Verfügbarkeit [%]	85 %	Plan	87 %	88 %	90 %	90 %
		Ist				
Steigerung: 6 %						

Schritt 2: Ist-Messung festlegen

Legen Sie fest, in welchen Zyklen eine Ist-Messung erforderlich ist. Danach richtet es sich, ob eine Monatsplanung (Beispiel 1) oder sogar eine Wochenplanung (Beispiel 2) Sinn macht.

Überprüfung der Key Results – Beispiel 2

Key Result	JOP		W1	W2	W3	W4	W5	W6	...	W 12	Ziel Q1
Erhöhung der Verfügbarkeit [%]	50 %	Plan	53 %	57 %	60 %	63 %	67 %	70 %		90 %	90 %
		Ist									
Steigerung 80 %											

Natürlich können Sie darüber nachdenken, inwiefern eine nichtlineare Planung innerhalb eines Quartals sinnvoll ist. Ich empfehle Ihnen jedoch, die Planung nicht unnötig komplex zu machen und nur in Ausnahmefällen (zum Beispiel bei saisonalen Effekten) degressiv oder progressiv innerhalb eines Quartals zu planen.

Schritt 3: Zielerreichungsgrade definieren

Legen Sie nun die Zielerreichungsgrade fest. Generell unterscheidet OKR zwischen verschiedenen Zielerreichungslogiken. Verbindliche Ziele sollten zu 100 % erreicht werden. Bei erstrebenswerten Zielen sollte der Zielerreichungsgrad stets unter der 100 %-Marke liegen.

Bei Google gelten laut Doerr beispielsweise folgende Regeln für die Zielerreichung:

- **Zwischen 70 % und 100 %:** Das Key Result sollte nur in Ausnahmefällen zu 100 % erreicht werden. Ein Nicht-Erreichen bedeutet, dass an einem ambitionierten Ziel gearbeitet wird. 70 % ist ein Level, welches als ambitioniert gilt. Wird es erreicht, dann bedeutet das in Ampeldiagrammen die Farbe Grün.
- **Größer als 30 % und kleiner als 70 %:** Das Ziel wurde zwar nicht erreicht. Ein Zielerreichungsgrad in diesem Spektrum zeigt aber auf, dass ein Fortschritt über das Quartal verzeichnet werden kann. Ein Wert nah an der 30 %-Marke deutet darauf hin, dass sich nicht sonderlich viel bewegt hat.

- **Kleiner als 30 %:** Werte unter 30 % zeigen, dass innerhalb des Quartals nur ein unzureichender Fortschritt erreicht wurde. Das Ziel gilt als nicht erfüllt. Gegebenenfalls bietet es sich an, es in das nächste Quartal zu übernehmen. Inwieweit diese Regelung sinnvoll ist, sollten Sie für jedes Key Result separat überprüfen.

In Beispiel 3 (siehe Abb. 22) wurde die Zielerreichung mit den eben beschriebenen Zielerreichungsgraden definiert. Der JOP beträgt 85 % und das Quartalsziel wurde mit 90 % beplant. Obwohl wir eine Verschlechterung sowohl in Bezug zum JOP als auch im Fortschritt über das Quartal haben (-5 %), werden die Ist-Werte mit »grün« angezeigt (in der Abbildung als graue Fläche).

In Beispiel 4 (siehe Abb. 23) beträgt der JOP 50 % und der Zielwert 90 %. Die Ist-Werte werden mit grün angezeigtt (in der Abb. grau hinterlegt). Das Ziel wurde zwar nicht erreicht, dennoch können wir einen positiven Fortschritt von 26 % verzeichnen.

In Beispiel 5 (siehe Abb. 24) werden die Zielerreichungsgrade anders bewertet als in den Beispielen zuvor. Hier schaltet die Ampel bereits bei einem Zielerreichungsgrad von kleiner 100 % auf gelb (in der Abbildung rosa). Bei Werten unter 95 % switcht sie auf rot. Diese »strengere« Beurteilung erscheint im Vergleich zu Beispiel 3 sinnvoller, da die Verschlechterung zum Ausgangswert und die negative Tendenz mit gelb bzw. rot dargestellt werden.

Beispiel 3

Legende Ampel: ≥ 70 % und ≤ 100 %
≥ 40 % und < 70 %
< 40 %

Key Result	JOP		Jan	Feb	März	Quartalsziel März
Erhöhung der Verfügbarkeit [%]	85 %	Plan	87 %	88 %	90 %	90 %
		Ist	83 %	82 %	81 %	
		Ziel-Erreichung	96 %	93 %	90 %	
				Fortschritt		–5 %

Abb. 22: *Planwerte, Zielerreichung, Beispiel 3*

Beispiel 4

Legende Ampel: ≥ 70 % und ≤ 100 %
≥ 40 % und < 70 %
< 40 %

Key Result	JOP		Jan	Feb	März	Quartalsziel März
Erhöhung der Verfügbarkeit [%]	50 %	Plan	63 %	77 %	90 %	90 %
		Ist	52 %	56 %	63 %	
		Ziel-Erreichung	82 %	73 %	70 %	
				Fortschritt		26 %

Abb. 23: *Planwerte, Zielerreichung, Beispiel 4*

Beispiel 5

Legende Ampel: ≥ 100 %
≥ 95 % und < 100 %
< 95 %

Key Result	JOP		Jan	Feb	März	Quartalsziel März
Erhöhung der Verfügbarkeit [%]	85 %	Plan	87 %	88 %	90 %	90 %
		Ist	83 %	82 %	81 %	
		Ziel-Erreichung	96 %	93 %	90 %	
				Fortschritt		–5 %

Abb. 24: *Planwerte, Zielerreichung, Beispiel 5*

Der Umgang mit Zielerreichungsgraden ist nicht einfach. Er erfordert viel Übung. Zudem können falsch interpretierte Zielerreichungsgrade zu Demotivation im Team und zu Fehlsteuerungen führen.

Ich empfehle Ihnen daher, die Ist-Werte stets kritisch zu beurteilen. Zum einen sollten Sie immer eine Selbstbeurteilung durch das Team durchführen lassen. Zum anderen sollten Sie bei Bedarf die Bewertung anpassen.

Einschätzungen wie in den oben genannten Beispielen machen nur Sinn, wenn es auch innerhalb des Quartals entsprechende Ist-Werte gibt. Ist eine Ist-Messung nicht möglich, kann der Fortschritt lediglich subjektiv auf Basis von umgesetzten Maßnahmen eingeschätzt werden.

»What you can't measure, you can't manage« – dieser Grundsatz gilt auch für OKR. Ich empfehle Ihnen daher, möglichst zu versuchen, die Key Results messbar zu machen. Es ist immer wieder erstaunlich, wie viele Daten es in Unternehmen gibt, obwohl häufig Aussagen kommen wie: »Das messen wir nicht« oder »Das lässt sich nicht messen«. Seien Sie an dieser Stelle hartnäckig!

OKR-Workshops und Planungsprozesse effektiv und schlank gestalten

Erfahrungsgemäß wird jede OKR-Einführung von vielen Führungskräften und Mitarbeitern als zusätzliche Arbeit zum bisherigen Tagesgeschäft gesehen. Deswegen sollten Sie sich bei jeder OKR-Einführung Gedanken machen, wie Sie den gesamten Planungsprozess und auch die einzelnen OKR-Workshops möglichst schlank, aber effektiv gestalten.

Die Workshops

Planen Sie für OKR-Workshops zwei Tage ein, wenn Sie den Prozess zum ersten Mal durchlaufen. Nutzen Sie die erste Hälfte von Tag 1 für das Training der OKR-Transformationsbäume anhand der eigenen Unternehmensziele (siehe die folgende Tabelle). Damit bekommen die Teilnehmer schon einmal ein Gefühl hinsichtlich der Flughöhe ihrer OKR. Das bedeutet, dass die Teams ihre OKR so definieren, dass sie weder zu operativ noch zu strategisch sind. Insbesondere aber sollten sie auch beeinflussbar sein.

Arbeiten Sie anschließend mit Moderationskarten oder Post-its, um die OKR zu erarbeiten. Ich verwende eigens dafür entwickelte und beschriftete Moderationskarten.

Es hat sich bewährt, die Teilnehmer in Kleingruppen (Zweier- oder Dreier-Teams) Vorschläge für ihre OKR ausarbeiten zu lassen. Dabei sollen sie festlegen, auf welches Unternehmensziel das jeweilige OKR am meisten einzahlt und wen sie für die Umsetzung benötigen. Als ebenso hilfreich hat sich herausgestellt, dass jeder maximal zwei OKR ausarbeitet. Alle Vorschläge werden vorgestellt, priorisiert, überarbeitet und verabschiedet.

Beispiel-Agenda für einen OKR-Workshop auf Ebene 1 und 2	
Tag 1	
8:30	Intro über OKR und festgelegte Ziele auf Corporate-Ebene
9:30	OKR-Training zur Zieltransformation
12:00	Mittag
13:00	Erarbeitung OKR auf 2nd Level in Kleingruppen
16:30	Vorstellen, Diskussion und Verabschieden
17:30	Review 1. Tag
18:00	Ende
Tag 2	
8:30	Review 1. Tag
9:00	Schärfung OKR-Set in Kleingruppen
10:00	Horizontale Abstimmung durch Erarbeitung der Vorfahrtsregeln
12:00	Mittag
13:00	Festlegen von Planwerten und Zielerreichungsgraden für Key Results
16:30	Vorstellung, Diskussion und Verabschiedung
17:30	Nächste Schritte und Feedback

Der OKR-Planungsprozess

Die folgende Abbildung zeigt ein Beispiel, wie eine Ablaufplanung über vier Hierarchieebenen bei einem Geschäftsjahreswechsel zum Januar gestaltet werden könnte.

1. Spätestens Mitte Oktober sollten (1) der Strategieentwicklungsprozess beendet und die Unternehmensziele definiert sein.

2. Anschließend erarbeiten (2) der Vorstand und die nächste Ebene (Bereichsleiter) die OKR für die Bereichsleiter.
3. Die Ergebnisse daraus werden dann den Abteilungsleitern (3) vorgestellt.
4. Danach kann die nächste Ebene (in unserem Beispiel Bereichsleiter mit ihren Abteilungsleitern) die OKR erarbeiten (4) und auf ihrer Ebene horizontal abstimmen und, falls erforderlich, zusätzliche Personen zu den OKR-Workshops einladen.

In Abhängigkeit von der Anzahl der zu erarbeitenden OKR auf der Ebene Bereichs- und Abteilungsleiter dauert dieser Prozess zwischen zwei und vier Wochen.

Nach Fertigstellung der OKR findet dann die (5) offizielle Verabschiedung bottom-up statt, in dem die zweite Ebene (hier: Bereichsleiter) die Ergebnisse aus ihren Workshops mit ihren Abteilungsleitern dem Vorstand vorstellt. Die Kommunikation an die Teamleiter (6) und die Erarbeitung der Team-OKR (7 und 8) verläuft ähnlich wie auf der zweiten Ebene, wobei jeweils ein Tag für die Erarbeitung der OKR für die Teamleiterebene ausreicht.

> Beachten Sie, dass diese Darstellung den Ablauf und die Zeitdauer darstellt, wenn Sie zum ersten Mal OKR erarbeiten. In den Folgequartalen sollte die Neudefinition maximal einen halben Tag je Ebene beanspruchen.

Projektvorbereitung und -planung nehmen stets eine gewisse Zeit in Anspruch. Auch für die folgenden Aspekte sollten Sie Zeit einplanen:

- Mit dem Topmanagement müssen die Ziele bei der Einführung von OKR geklärt werden.
- Involvierte Personen und deren Rollen müssen festgelegt werden.
- Der Projektplan muss festgelegt und verabschiedet werden.
- Das Kickoff-Meeting mit der zweiten Führungsebene muss vorbereitet werden.
- Der Betriebsrat muss gegebenenfalls involviert werden.
- Ein Kommunikationsplan muss erarbeitet werden.

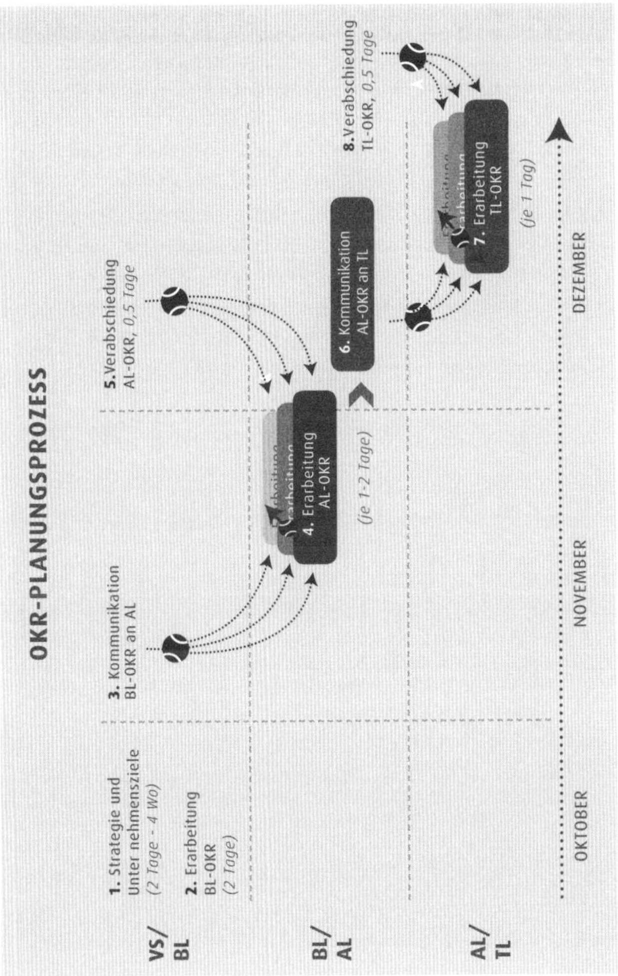

Abb. 25: *OKR-Planungsprozess*

Auf einen Blick: Abstimmung von OKRs in der Organisation

- OKR verfolgt den Grundsatz der absoluten Transparenz: Jeder im Unternehmen kennt nicht nur die OKR des anderen. Ziel ist es auch, einen unternehmensweiten Abgleich der OKR und eine gemeinsame Ausrichtung möglich zu machen. Das vermeidet Silodenken, Zielkonflikte, Schnittstellenprobleme und Ressourcenengpässe.
- OKR verfolgt grundsätzlich die Philosophie, alle im Unternehmen Beteiligten in die Zielfindung und -erreichung einzubinden. Top-down funktioniert das gut durch das Prinzip der Zieltransformation.
- Die Einführung von OKR findet parallel zum Tagesgeschäft statt. Gestalten Sie die einzelnen Workshops zur Festlegung der OKR daher möglichst schlank, aber effektiv.

Der OKR-Umsetzungs-prozess

Die Einführung neuer Management-Systeme scheitert oft daran, dass die Umsetzung zu viel Zeit kostet und zu bürokratisch gerät. OKR wirkt dem mit unkomplizierten Tools und Methoden entgegen. Ein paar davon lernen Sie in diesem Kapitel kennen:

- das OKR-Weekly,
- das OKR-Memory,
- die Retrospektiven,
- Problemlösetechniken.

Effiziente und effektive OKR-Weeklys

Ist die OKR-Planung abgeschlossen, geht es im ersten Quartal an die Umsetzung und flankierend an die Fortschrittsbeurteilung im Rahmen von wöchentlichen sowie monatlichen OKR-Reviews. Aufgrund der Key Results ist der Fortschritt messbar und beobachtbar. Wir erfahren dadurch, was gut oder weniger gut geklappt hat, und können uns Aktivitäten überlegen, um in der nächsten Woche einen weiteren Schritt nach vorne zu machen.

Fragen im wöchentlichen OKR-Review

Ein wöchentliches OKR-Review unterteilt sich in vier Abschnitte, durch die von den Führungskräften mittels Fragen geleitet wird.

- **Statusabfrage:** Die Führungskräfte erfragen im Team den aktuellen Stand in Bezug auf die Zielerreichung sowie die Einschätzung des Teams, wie wahrscheinlich es ist, dass das OKR erreicht wird – sogenannter Confidence-Level. Ebenso empfiehlt es sich hier, die Teamstimmung, die sogenannte Health Metric, in Erfahrung zu bringen.

Die Fragen zum Status	
Was wollen wir in drei Monaten erreicht haben?	Diese Frage bezieht sich lediglich auf das Zielbild bis zum Ende des Quartals. Dieses beinhaltet das Objective und die Key Results – mehr nicht. Die Frage muss nicht immer gestellt werden. Sie bietet sich zu Beginn eines Zyklus an, um sicherzugehen, dass alle das OKR verstanden haben. Oder während des Zyklus bei Bedarf, wenn Sie das Gefühl haben, dass es einer Zielschärfung bedarf. Tipp: Fragen Sie jeden einzelnen Kollegen. Stellen Sie sicher, dass sowohl Objective als auch Key Results genannt werden.
Wo stehen wir aktuell?	Diese Frage bezieht sich auf den aktuellen Status der OKR-Umsetzung. Sie sollte in jedem Weekly gestellt werden. **Vorsicht:** Diese Frage verleitet dazu, bereits über die bisherige Umsetzung zu berichten, was aber erst Thema der Reflexion im zweiten Teil des Weeklys sein sollte. Wer hier nicht interveniert, riskiert ausufernde Meetings mit langer Dauer. **Tipps:** Stellen Sie sicher, dass alle im Team ihren Status abgeben. Arbeiten Sie mit Ampelfarben bei den Key Results.
Wie wahrscheinlich ist es, dass wir das Objective erreichen?	Hier wird die Einschätzung des Teams erfragt, inwieweit das OKR erreicht ist. Die Frage bietet sich vor allem dann an, wenn die Umsetzung nicht wie geplant läuft. Sie muss gestellt werden, wenn die Ampeln gelb oder rot zeigen. Auch wenn sie das tun, gibt es immer noch viele Chancen und Möglichkeiten, das OKR zu erreichen.

- **Reflexion:** In der Reflexion geht es darum herauszuarbeiten, was gut und was weniger gut geklappt hat. Ebenso gilt es hier zu erfragen, welche Lernerfahrungen das Team gemacht hat. Vor allem der letzte Aspekt ist wichtig für den kontinuierlichen Wissensaufbau. Falls es Schwierigkeiten gab, begeben sich alle gemeinsam auf Ursachensuche (näher zur Ursachenanalyse Kapitel »Was tun bei Abweichungen?«).

Reflexionsfragen	
Was habt ihr letzte Woche umgesetzt?	Erst jetzt kommt die Phase der Reflexion. Hier geht es um einen Rückblick, was seit dem letzten Weekly umgesetzt wurde (Blick in den Rückspiegel). Jeder im Team wird gefragt, welche Schritte er unternommen hat. Erkenntnisse, Probleme und Schwierigkeiten werden notiert
Wo lagen die Schwierigkeiten und Probleme? Was waren deren Ursachen?	
Was habt ihr aus der letzten Woche gelernt?	
Was stand die Woche an, was außerhalb der Weeklys lag?	Diese Frage empfiehlt sich, denn sie lädt das Team ein zu reflektieren, was konkret die Arbeiten am OKR behindert hat.

- **Ausblick:** Nun geht es an die Festlegung der nächsten Schritte für die folgende Woche und die damit verbundenen Erwartungen.

Zukunftsorientierte Fragen	
Was möchtet ihr in Bezug auf euer OKR diese Woche angehen?	Diese Frage richtet den Blick des Teams nach vorne. Antworten darauf definieren die nächsten Schritte für die kommende Woche. Ein Weekly ohne Festschreibung der kommenden To-dos darf es nicht geben. Die Planung ist sehr kurzzyklisch orientiert, nämlich auf 1- bis 2-Wochenbasis. Entsprechend klein sind die Schritte. **Vorsicht:** Legen Sie konkret fest, was zu tun ist, wer es erledigt und bis wann. Die weiteren drei Fragen mit Wirkung für die vier Wochen können optional gestellt werden.
Welche Wirkung erwartet ihr euch hiervon?	Diese Fragen können gestellt werden, wenn es sich anbietet.
Was steht in den nächsten vier Wochen an?	
In welchen Punkten erwartet ihr Schwierigkeiten?	Diese Frage ist zu empfehlen, da sie den Abschluss des Weeklys einleitet.

- **Unterstützung:** Immer hilfreich ist die Frage, ob Unterstützungsbedarf besteht. Dies ist ein Signal an das Team, dass sich die Führungskraft interessiert und sich, falls nötig, für das Team einsetzt.

Support-Frage	
Wo benötigt ihr Unterstützung?	Diese Frage bereitet den Boden dafür, dass wie geplant an der OKR Umsetzung gearbeitet werden kann. Sie hebt ein Thema, bei dem das Team nicht mehr weiterkommt, auf eine höhere Eskalationsstufe.

Tipps

- Verwenden Sie die Fragen als Leitfragen.
- Vermeiden Sie, diese Fragen einfach nur abzulesen. Es soll sich ein Dialog entwickeln.
- Trainieren Sie die generelle Logik »Status – Reflexion – Ausblick – Unterstützung«.

Ich empfehle, alle Reviews im Stehen durchzuführen. Idealerweise haben Sie eine Wand oder eine Tafel, an der die OKR dargestellt sind. Das gilt auch, wenn Sie eine OKR-Software verwenden. Meetings, die im Stehen ablaufen, sind erfahrungsgemäß effizienter.

OKR-Memory

Die Fragen, die immer wieder auftauchen, sind: »Wie halten wir die Ergebnisse und Erkenntnisse nach? Bis zu welchem Grad wird dokumentiert und in welcher Form?« Zu viel Dokumentation mündet in einem unnötigen bürokratischen Prozess. Gar nichts nachzuhalten, birgt die Gefahr, dass man die Lern- und Fortschrittskurve im Nachgang vielleicht nicht mehr so vor Augen hat.

OKR-Memory				
Team:	**Unterstützung:**		**Verantwortlich:**	
Datum OKR Weekly	Wie sind OKR-Status, Confidence-Level und Health Metric?	Was haben wir gelernt?	Was steht nächste Woche an?	Welche Unterstützung benötigen wir?

Ich empfehle das Nachhalten der wesentlichen Erkenntnisse – kurz und knackig – auf einem einfachen Template, dem sogenannten OKR-Memory (siehe die Tabelle oben), da hier die Historie der OKR-Entwicklung kurz und knackig auf einen Blick dargestellt wird. Für jedes wöchentliche OKR-Review ist dort eine Zeile vorgesehen. Ein Verantwortlicher dokumentiert während des Treffens stichwortartig die wesentlichen Erkenntnisse mit:

- Datum des wöchentlichen OKR-Reviews
- Wie steht es um OKR-Status und Health Metric?
- Was haben wir gelernt?
- Was steht nächste Woche an?
- Welche Unterstützung benötigen wir?

Moderatorentipps für das OKR-Memory und die OKR-Weeklys

- Das Memory sollte immer während der Treffen und nie im Nachgang ausgefüllt werden. Das spart nicht nur Zeit, sondern sichert auch den gemeinsamen Konsens über die Inhalte.
- Notieren Sie die Inhalte im Memory nur in Stichpunkten, damit das Dokument schneller zu lesen ist und nicht überfrachtet wird.
- Halten Sie sich so gut es geht an die vorgegebene Struktur der Meetings und auch des Memories. Es hat sich gezeigt, dass dadurch die Meetings viel kürzer ausfallen.
- Mischen Sie die Abfrage des aktuellen Status nicht mit den anstehenden To-dos.
- Halten Sie in jedem Fall die nächsten Schritte konkret fest: Wer macht was bis wann? Zu unkonkret wäre: »Wir müssen nochmal miteinander reden.«
- Wer fragt, der führt. Stellen Sie Fragen, die eine konkrete Antwort voraussetzen und klar und eindeutig formuliert sind. Beispiel: »Welche Hindernisse sind noch aus dem Weg zu räumen, damit Merkmal XYZ realisiert werden kann?«
- Passen Sie auf, dass Sie in der Struktur des Meetings bleiben und dass die Teilnehmer nicht zu anderen Themen abschwei-

fen. Machen Sie allen klar: Die Weeklys sind kein Forum für Detaildiskussionen.

- Sprechen Sie die Teilnehmer jeweils persönlich an, um deren Infos und Einschätzungen zu bekommen. So vermeiden Sie Pausen, die entstehen, weil sich keiner adressiert fühlt; auch kommen so eher zurückhaltende Teilnehmer zu Wort. Das gilt insbesondere in Online-Meetings.
- Häufig kommt es zu Diskussionen über Ressourcen. Lenken Sie hier das Gespräch lösungsorientiert mit Fragen, wie z. B.: »Wie schaffen wir zumindest 4 Stunden in der Woche?«
- Hetzen Sie die Teilnehmer nicht. Lassen Sie ihnen ausreichend Zeit zu antworten.
- Stellen Sie eher Fragen, als Monologe zu halten. Fragen laden zum Dialog ein.
- Starten Sie nie mit Ihrer eigenen Einschätzung, sondern holen Sie erst eine Meinung vom Team ein.
- Vermeiden Sie Kettenfragen (Wie sieht du ... und ... und ...?), Suggestivfragen (Falls überhaupt was umgesetzt wurde, was genau?) oder rhetorische Fragen (Du bist wohl hoffentlich auch meiner Meinung?). Sie machen schlechte Stimmung und sind eher destruktiv als konstruktiv.
- Sie haben schlechte Laune und sind genervt? Lassen Sie das die Teilnehmer nicht spüren.

- Gibt es Probleme? Zeigen Sie Empathie und Verständnis.
- Fragen sind kein Selbstzweck. Zeigen Sie sich als guter Zuhörer und halten Sie auch die anderen Teilnehmer dazu an.
- Sind die Teilnehmer schlecht auf das Weekly vorbereitet? Weisen Sie freundlich, aber bestimmt darauf hin, dass das beim nächsten Treffen anders sein sollte.

Das Quarterly: Review kurz vor Ablauf des 3-Monats-Zeitraums

Kurz vor Ende des dreimonatigen Zyklus führt jedes OKR-Team ein Review durch. Ziel dessen ist die Beurteilung der Zielerreichung auf Basis des definierten Ampelsystems. Die Frageroutine unterscheidet sich nicht großartig von den Fragen der wöchentlichen OKR-Reviews. Der einzige Unterschied besteht darin, dass sich die Beurteilung rückblickend auf das gesamte Quartal bezieht und dass wir uns überlegen, wo wir neue OKR definieren sollten.

Fragen im Quartals-Review		
1	Zielerreichung	▪ Wie ist die Zielerreichung der OKR? ▪ Wie ist die Team-Stimmung? (Health Metric)
2	Reflexion	▪ Was war im Quartal erfolgreich? ▪ Was war weniger erfolgreich? ▪ Was haben wir daraus gelernt? ▪ Was bewegte sich im Quartal außerhalb unserer OKR?

Fragen im Quartals-Review		
3	Ausblick	▪ Wo müssen wir für das nächste Quartal neue OKR definieren? ▪ Wo bleiben die OKR bestehen? ▪ Was steht in den nächsten vier Wochen an? ▪ Wo erwarten wir Schwierigkeiten?
4	Wo benötigen wir Unterstützung?	

Da im Quartals-Review neue OKR definiert werden, sollten Sie dafür, zumindest in der Anfangsphase, einen halben Tag mit Ihrem Team einplanen.

Die Retrospektive am Ende einer OKR-Periode

Neben dem Quartals-Review gibt es die sogenannte Retrospektive, die ebenso am Ende eines jeden Quartals stattfindet. Während im Quarterly der Fokus auf der inhaltlichen OKR-Erreichung liegt, konzentriert man sich in dieser Rückschau darauf, wie gut der OKR-Prozess im Quartal gelaufen ist. In der Retrospektive geht es in erster Linie um die Verbesserung des OKR-Prozesses.

Ablauf der Retrospektive

Doch wie läuft eine Retrospektive konkret ab und wie kann man diese so effektiv und so effizient wie möglich gestalten? Nach etlichen OKR-Projekten habe ich im Lauf der Zeit hierfür bewährte Methoden entwickelt, die sich leicht und pragmatisch anwenden lassen. Eine dieser Vorgehensweisen stelle ich Ihnen jetzt vor. Meinen Kunden empfehle ich, sie in jedem Fall in den ersten drei Jahren anzuwenden.

Der erste Schritt besteht darin, ein interdisziplinäres Team aus Vertretern des Topmanagements sowie Führungskräften und Mitarbeitern auf freiwilliger Basis zu bilden. Wichtig ist, dass das Team einen Querschnitt Ihres Unternehmens repräsentiert. Die Anzahl der Teammitglieder ist nach oben nicht stark limitiert. So habe ich bereits Retrospektiven mit über 30 Personen durchgeführt, sowohl als Präsenzveranstaltung als auch in Form von Online-Meetings.

Planen Sie für eine Retrospektive insgesamt circa drei Stunden ein.

Alle Beteiligten sollten gut vorbereitet in die Retrospektive kommen. Das bedeutet, sie sollten sich bereits im Vorfeld des Meetings von ihren Kollegen Feedback eingeholt haben, so z. B. zur Frage: Was lief im letzten Quartal gut und was war weniger gut?

Findet die Retrospektive als Präsenzveranstaltung statt, bekleben Sie am besten eine Raumwand mit Metaplanpapier. Tragen Sie oben die Zeitachse auf. Arbeiten Sie mit kollaborativen Online-Plattformen, können Sie Ähnliches entsprechend vorbereiten.

Zeichnen Sie nun eine horizontale und eine vertikale Achse. Die vertikale Achse benennen Sie oben mit positiv und unten mit negativ.

Auf der horizontalen Achse führen Sie die wesentlichen Events auf, die im Rahmen des Planungs- als auch Umsetzungsprozesses stattgefunden haben. In der Grafik sehen Sie eine entsprechende Visualisierung einer Retrospektive für ein IT-Unternehmen im 1. Quartal der OKR-Umsetzung.

In unserem Beispiel startete der OKR-Prozess mit einem Strategie-Workshop im September. Daran schloss sich die Erarbeitung der Top-Level-Ziele an. Von Oktober bis Mitte Dezember fand das OKR-Alignment statt. Am Ende des Jahres wurden Ziel-Execution-Trainings durchgeführt, um die Organisation in den wesentlichen Werkzeugen für die Umsetzung zu schulen. Ab dem 1. Quartal starteten die regelmäßigen OKR-Weeklys.

Lassen Sie nun im nächsten Schritt die Teams brainstormen, was sie im Laufe des gesamten Prozesses positiv erlebt haben. In unserem Beispiel haben wir hierfür grüne Post-its verwendet. Die aufgeführten Events helfen bei der Ideensammlung und bringen die geschriebenen Kärtchen gleichzeitig auf eine Zeitschiene.

Außerdem sammeln die Teams mittels roter Karten Themen, die sie eher negativ erlebt haben und ordnen diese ebenso der Zeitschiene zu. Bei diesem Brainstorming zählt das Motto: Quantität! Es geht also darum, so viel wie möglich auf die Wand bringen. In der Grafik haben wir uns der besseren Übersicht wegen auf relativ wenige Kärtchen beschränkt.

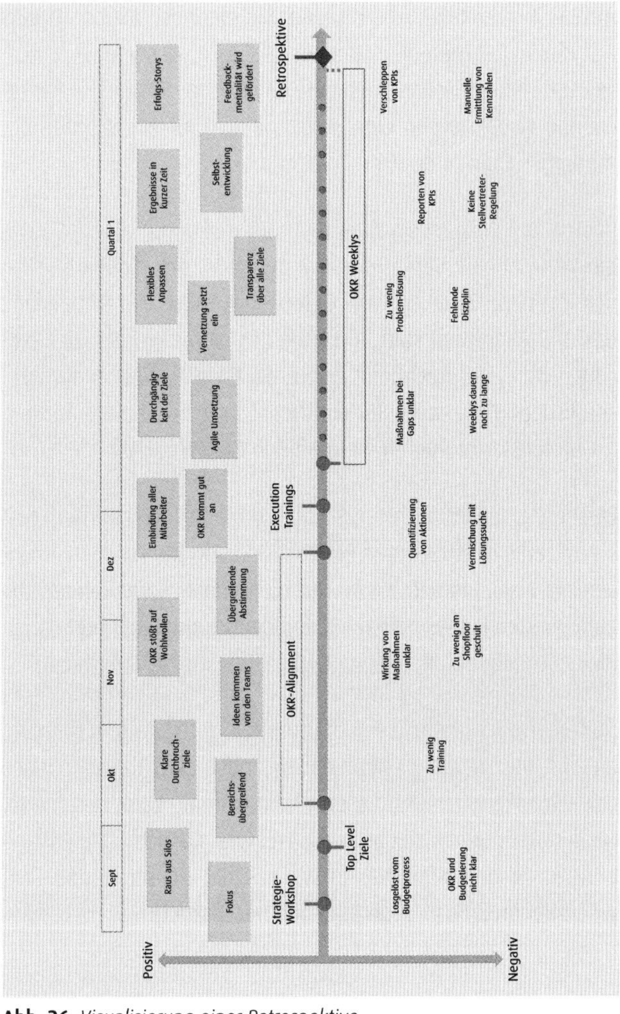

Abb. 26: *Visualisierung einer Retrospektive*

Sind die Teilnehmer mit dem Brainstorming fertig, dann clustern Sie im Team die Kärtchen. Definieren Sie dazu auch Überschriften. Das bringt Ordnung und Übersichtlichkeit in das Brainstorming.

In unserem Beispiel sehen wir, welche Themen die Teilnehmer als positiv erlebt haben. Dies sind zum Beispiel

- Fokus durch klar definierte Ziele,
- die bereichsübergreifende Abstimmung,
- die Einbindung von Mitarbeitern,
- die bisher erzielte Akzeptanz,
- die agile Zielumsetzung,
- die bisher erzielten Ergebnisse sowie
- eine Verbesserung der persönlichen Weiterentwicklung.

Als negativ wurden folgende Aspekte eingeschätzt:

- unklare Wirkung von erarbeiteten Maßnahmen,
- zu wenig Training,
- Problemlösungsfähigkeiten noch unterrepräsentiert,
- mangelnde Konsequenz in der Durchführung der Weeklys,
- zu großer Aufwand bei der Ermittlung von Kennzahlen.

Nach dieser Bewertung ist es Ziel, zu definieren, welche der als negativ bewerteten Themen in konkrete Verbesserungsmaßnahmen überführt werden soll.

Für eine entsprechende Priorisierung empfehle ich Ihnen, eine Aufwand-Nutzen Matrix zu erstellen, in die Sie die als negativ identifizierten Aspekte einordnen. Eine solche Aufwand-Nutzen-Matrix ist in der Anwendung einfach erklärt und bringt die Teilnehmer schnell in Aktion.

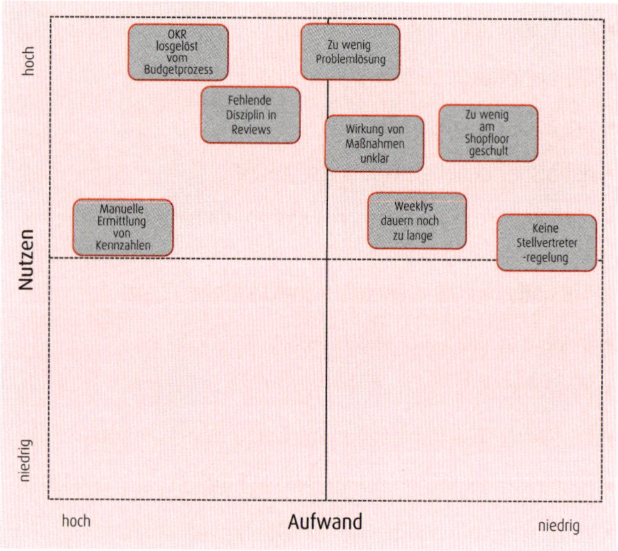

Abb. 27: *Aufwand-Nutzen-Matrix*

Ihre horizontale Achse sagt aus, ob das Team die Umsetzung des Themas eher als aufwendig oder als weniger aufwendig einschätzt. Die vertikale Achse gibt Auskunft darüber, ob der daraus erwartete Nutzen eher als niedrig oder als hoch bewertet wird.

Die Matrix liefert Ihnen damit einen guten Überblick über Quick Wins, also Aspekte mit hohem Nutzen und geringem Aufwand, oder über Punkte, die für das Gegenteil stehen, also hohen Nutzen und hohen Aufwand.

In unserem Beispiel sind alle Kärtchen im oberen Teil der Matrix angeordnet. Sie werden also als Themen mit hohem Nutzen eingeschätzt. Wir sehen vier Quick-Wins und drei Themen, die auch einen hohen Nutzen haben, aber als aufwendiger in der Umsetzung eingeschätzt wurden.

Alle diese Themen werden sicherlich nicht im nächsten Jahr umsetzbar sein. Es geht also im nächsten Schritt darum, sich auf die wesentlichen Themen zu verständigen, für diese Maßnahmen festzulegen und sie konsequent zu verfolgen.

Wählen Sie am besten die Top 3 der Themen aus. Drei Vorhaben sind meist genug.

In einem nächsten Schritt werden für diese drei Verbesserungsthemen konkrete To-dos, Verantwortlichkeiten und Termine für das nächste Quartal festgelegt. Das kann in einer Tabelle wie der folgenden geschehen.

Nr.	Verbesserungsthema	To-do	Wer?	Bis wann?
1				
2				
3				

Führen Sie die Retrospektive bereichs- und hierarchieübergreifend durch. Insbesondere der gemeinsame Austausch ist hilfreich für die Verbesserung des OKR-Prozesses insgesamt. Planen Sie für die Retrospektive drei Stunden ein und sorgen Sie dafür, dass ein großer, dafür geeigneter Raum zur Verfügung steht.

Die Retrospektive im Überblick

1. **Beurteilung des OKR-Prozesses:** Lassen Sie die Beteiligten im Brainstorming überlegen und auf Post-its schreiben, welche Aspekte sie zu welchem Zeitpunkt als positiv oder negativ im Rahmen des OKR-Zyklus empfunden haben. Ab einer Gruppengröße von zehn Personen empfehle ich, dies in Zweier- oder Dreier-Teams auszuarbeiten. Anschließend werden die Ergebnisse in der großen Runde vorgestellt und an die Metaplanwand geheftet.
2. **Learnings und Moving Forward:** Geben Sie den Teams Zeit, die Ergebnisse zu reflektieren und die wesentlichen Erkenntnisse aus dieser Reflexion aufzuschreiben. Ebenso sollen sie Ideen für die Verbesserung des OKR-Prozesses definieren. Stellen Sie sicher, dass Sie während der Vorstellung der Teams bereits eine inhaltliche Clusterung vornehmen.
3. **Next Steps:** Legen Sie anschließend fest, welche Maßnahmen als Nächstes umgesetzt werden. Bei einer Gruppengröße bis zu zehn Teilnehmern bietet es sich an, dies gemeinsam zu erarbeiten. In einer größeren Gruppe sollten Sie die Teilnehmer Punkte vergeben lassen. Stellen Sie sicher, dass nicht mehr als drei Topmaßnahmen definiert werden und gewährleisten Sie, dass nicht alles, was zur Realisierung der Maßnahmen nötig ist, nur auf einer Person lastet.

Die Rolle der Führungskraft

Seien Sie sich bewusst, dass die Einführung von OKR für die beteiligten Führungskräfte stets ein zusätzliches To-do bedeutet. Daraus folgt auch, dass nicht jeder von der OKR-Einführung begeistert sein wird bzw. sofort den Sinn daraus erkennt. Ich empfehle deshalb, die Führungskräfte intensiv zu trainieren und zu begleiten.

Die Führungskräfte sollten die Rolle, die ihnen in der unterjährigen Umsetzung zukommt, kennen. Sie sollten verstehen, warum Verbesserungsarbeit so wichtig ist.

Fortschritt statt Rückschritt oder Stillstand: zielorientierte Verbesserungsarbeit

In meinen OKR-Trainings für Führungskräfte starte ich immer mit der Frage: »Warum benötigen wir OKR und warum müssen wir uns überhaupt verbessern?« Um gemeinsam mit den Teilnehmenden Antworten auf diese Fragen zu erarbeiten, nenne ich gerne folgendes Beispiel:

Nehmen wir an, wir haben einen Prozess, der heute 100 Euro erwirtschaftet (siehe die folgende Abbildung). Wenn wir nun diesen Prozess einfach so weiterlaufen lassen wie bisher und nichts daran ändern – wie viel wird dieser Prozess voraussichtlich in einem Jahr erwirtschaften? Sicherlich weniger, da allein schon äußere Rahmenbedingungen wie Inflation oder Kostensteigerungen Einfluss darauf nehmen. Das heißt, der Prozess verschlechtert sich automatisch. Gehen wir davon aus, dass wir mit mindestens 1 bis 2 % weniger Ertrag in einem Jahr rechnen müssen. Bei einigen hundert vergleichbaren Prozessen pro Unternehmen kommt da einiges zusammen.

Wenn wir nun wollen, dass der Prozess weiterhin 100 Euro erwirtschaftet, dann müssen wir den Prozess regelmäßig verändern bzw. verbessern. Vorausgesetzt, dieser Prozess soll künftig mehr als 100 Euro erwirtschaften, ist anzunehmen, dass wir noch mehr verbessern müssen. Letztendlich ist die Erhaltung des Status-quo nichts anderes als die reine Erhaltung des Ertrags und keine wirkliche Verbesserung. Es gehört gewissermaßen zum Pflichtprogramm eines jeden im Unternehmen.

Erst eine strukturierte und zielorientierte Verbesserung ermöglicht es uns, eine tatsächliche Leistungssteigerung zu erreichen. Führungskräfte müssen deshalb verstehen, wie wichtig zielorientierte Verbesserungsarbeit ist und dass man Verbesserung nicht einfach zwischendurch erreicht. Und schon gar nicht sollte sie als lästiges Übel betrachtet werden.

Das Gegenteil sollte der Fall sein. Ein Mindset, dass zielorientierte Verbesserungsarbeit als Chance begreift, hilft Führungskräften dabei, ihre Ressourcen effizienter einzusetzen.

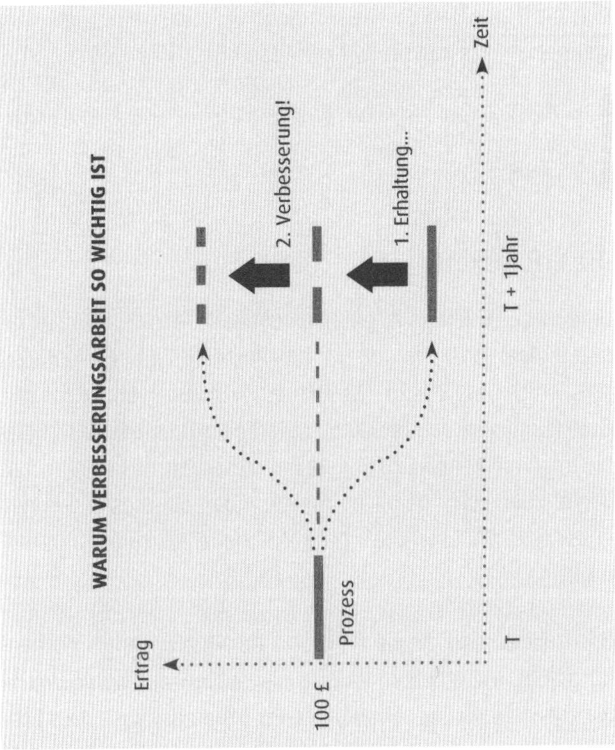

Abb. 28: *Warum Verbesserungsarbeit so wichtig ist*

Stellen Sie sich eine Kugel vor, an der von allen Seiten gezogen wird. In welche Richtung wird sie sich bewegen? Sie wird stehenbleiben. Angenommen aber, Sie ziehen an einer bestimmten Seite – dann wird sich die Kugel bewegen. Insofern stellt sich nicht die Frage: »Was *können* wir verbessern?«, sondern vielmehr: »Was *müssen* wir verbessern?«

> Thematisieren Sie mit Ihren Führungskräften die Notwendigkeit von zielorientierter Verbesserungsarbeit. Die Logik in Abbildung 28 hilft Ihnen dabei.

Die Erfolgskette

Gute Prozesse führen zu guten Ergebnissen. Aber wie entstehen gute Prozesse? Durch gute Mitarbeiter, die fähig und motiviert sind. Doch was macht Mitarbeiter gut? Gute Führungskräfte. Gute Führungsarbeit bedeutet, Mitarbeiter zu entwickeln (siehe die folgende Abbildung). Toyota hat dieses Prinzip in einem Slogan auf den Punkt gebracht: Andere Automobilisten entwickeln gute Autos. Wir entwickeln gute Mitarbeiter, die gute Autos entwickeln.

Doch leider wird dieses Prinzip in der Praxis nicht allzu häufig gelebt. Viele Führungskräfte investieren nur wenig Zeit in die Entwicklung ihrer Mitarbeiter. Ein Grund dafür ist, dass Führungskräfte richtige Führung oft nicht gelernt haben. Sie waren meist gute Fachspezialistien, denen von heute auf morgen eine Führungsrolle zugeteilt wurde, ohne Einweisung in Führung, ohne Coaching.

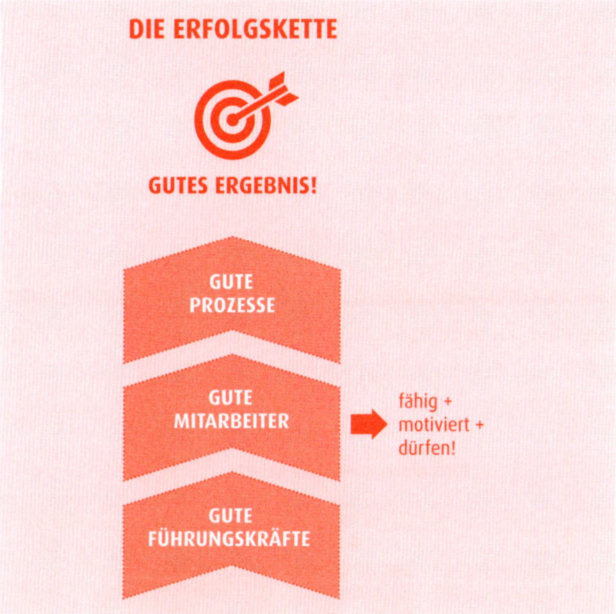

Abb. 29: *Die Erfolgskette*

Der Berater und Management-Lehrer Prof. Fredmund Malik (2006) ist der Meinung: »Führung ist ein Beruf«. Leider existiert dafür aber keine konkrete Ausbildung wie für andere Berufe. Sicherlich gibt es geborene Führungskräfte, aber der Großteil muss sich vieles über die Jahre selbst aneignen. Dies geht jedoch häufig zulasten der notwendigen Führungsarbeit. Denn viele Führungskräfte bleiben dann doch in ihrer Spezialistenrolle verhaftet und sind nach wie vor stark in das operative Tagesgeschäft involviert.

Klassische Managementaufgaben wie zum Beispiel Planungstasks, Organisation, Mitarbeiterauswahl, Reporting und Budgetierung nehmen viel Raum ein. Für direkte Führungsaufgaben wie zum Beispiel Entscheiden, Delegieren, Informieren, Kommunizieren und Bewerten oder gar für das Entwicklen der Mitarbeiter bleibt in Anbetracht dessen nur noch wenig Zeit (siehe die folgende Abbildung).

Das Ideal sieht anders aus. Hier ist der Arbeitstag nicht durch operative Tätigkeiten geprägt. Neben den klassischen Management- und Führungsaufgaben bleibt viel Zeit für das Coachen der Mitarbeiter.

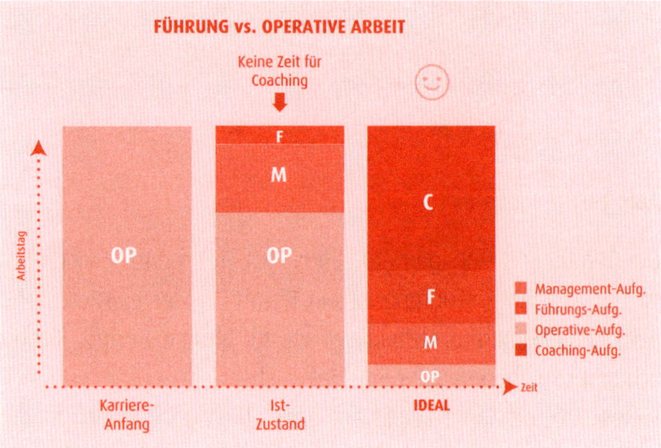

Abb. 30: *Führung vs. operative Arbeit*

Die Führungskraft als Coach

Sich Zeit für das Entwickeln ihrer Mitarbeiter zu nehmen, ist die größte Herausforderung für Führungskräfte. Aber was bedeutet das nun ganz konkret, wenn es um die Umsetzung der OKR geht? Wie kann das in der Praxis aussehen?

Stellen Sie sich vor, Sie sind Führungskraft und setzen Ihrem Mitarbeiter ein Ziel innerhalb seiner Komfortzone (siehe die folgende Abb. 31). Die Komfortzone steht für einen Bereich, in dem der Mitarbeiter gar nicht drüber nachdenken muss, was er zu tun hat. Die Aufgaben, die in diesem Bereich liegen, kennt er gut. Sie stellen keine Herausforderung dar. In ihrer Komfortzone fühlen sich Menschen zwar sicher und müssen kaum Energie aufwenden. Hier wird jedoch auch kein Wissensaufbau stattfinden. Setzen Sie Ihren Mitarbeitern ausschließlich Ziele, die in deren Komfortzone liegen, werden sie auf Dauer zudem nicht sehr motiviert sein.

Das Gegenteil der Komfortzone ist die Angstzone, auch Panik- oder Resignationszone genannt. Setzen Sie Ihrem Mitarbeiter ein Ziel in dieser Zone, bestimmen Angst und Überforderung sein Handeln. In diesem Bereich wird sich der Mitarbeiter wahrscheinlich weder auf den Weg machen, noch wird er sehr motiviert sein, das Ziel anzugehen.

Zwischen der Angst- und der Komfortzone befindet sich die Lernzone, auch Entwicklungszone genannt. Idealerweise setzen Sie Ihrem Mitarbeiter ein Ziel innerhalb dieser Zone mit bislang unbekannten und herausfordernden, aber zu bewältigenden Aufgaben. Das fühlt sich für den Mitarbeiter dann erst einmal etwas unbequem an. Er wird schnurstracks geradeaus innerhalb seiner Komfortzone bis zu seiner Wissensgrenze laufen. Ab da kennt er den Weg nicht mehr. Er wird anfangen zu experimentieren und sich einen Lösungsweg suchen. Sicherlich wird er dabei auch die eine oder andere Niederlage erleiden oder Fehler machen. Aber nur auf diese Weise wird er an Erkenntnissen gewinnen und sein Wissen erweitern. Da er Neues lernt, wird er im Normalfall auch motiviert an die Sache herangehen.

Sie fragen sich, wie Sie Ihren Mitarbeiter bei dieser Entwicklung begleiten können? Solange der Mitarbeiter sich innerhalb des Zielkorridors befindet, sollte er sich selbst seinen Weg suchen und seine Erfahrungen sammeln dürfen, ohne dass ihm die Führungskraft den Weg oder Lösungen aufzeigt. Die Führungskraft begleitet ihn dabei als Coach. Sie stellt die richtigen Fragen, damit der Mitarbeiter sich selbst und seine Lernerfahrungen reflektiert und dadurch neue Wege für sich entdeckt.

Würde die Führungskraft ihm dagegen fertige Lösungen präsentieren, würde der Mitarbeiter diese einfach nur umsetzen und dabei keine eigenen Erfahrungen machen, um aus diesen zu lernen.

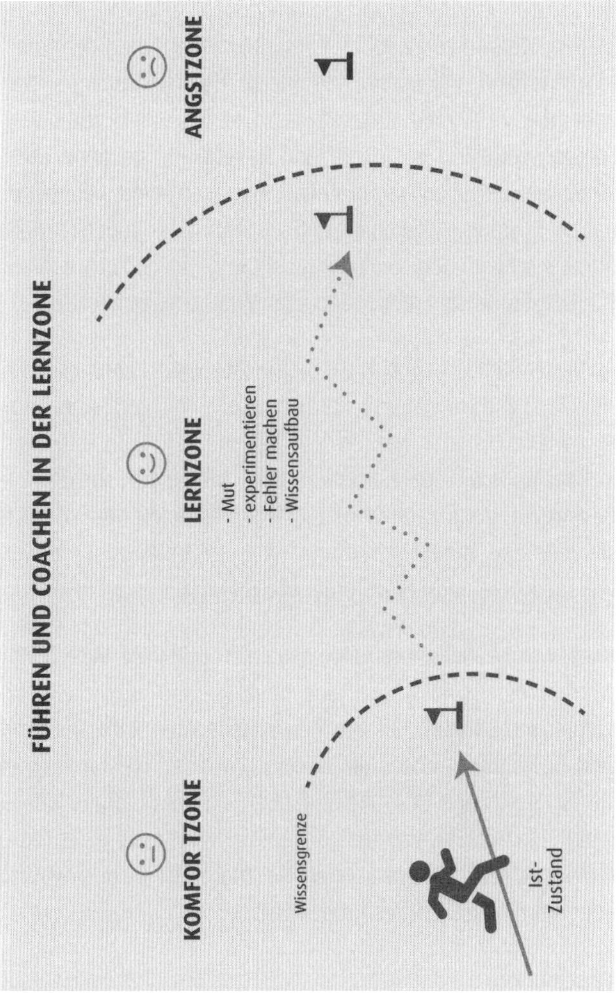

Abb. 31: *Führen und Coachen in der Lernzone*

Die Rolle als Coach erfordert ein Umdenken bei vielen Führungskräften. Sie sind es gewohnt, ihren Mitarbeitern nach dem Motto »Command and Control« sofort Lösungen aufzuzeigen. Das haben sie viele Jahre so praktiziert. Plötzlich sollen sie nun ihr Führungsverhalten verändern und in eine für sie neue Rolle schlüpfen. Sie sollen Fragen stellen, Vertrauen in ihre Mitarbeiter haben, Freiräume gewähren und zuhören. Das Umdenken fällt oftmals schwer, aber es lohnt sich. Denn nur dadurch können Führungskräfte die Entwicklung ihrer Mitarbeiter ermöglichen.

An dieser Stelle ergibt sich ein großer Zwiespalt: Führungskräfte sind nach wie vor Führungskräfte, sie sollen insofern eine »professionelle Distanz« wahren. Auf der anderen Seite sollen sie in ihrer Rolle als Coach Nähe zu den Mitarbeitern suchen. Ein Balanceakt, der für viele Führungskräfte komplett neu ist. Auch sie verlassen damit ihre Komfortzone und treten in die etwas unbequemere und herausfordernde Entwicklungszone ein.

Alles, was neu ist, muss gelernt, trainiert und viele Male geübt werden. Nur so lässt sich eine neue Routine entwickeln. Im Kampfsport spricht man von den sogenannten Kata. Die Kata sind Bewegungsmuster, die so häufig wiederholt werden, bis sie in Fleisch und Blut übergegangen sind und nahezu unbewusst durchgeführt werden können. Damit ist man in der Lage, reflexartig reagieren zu können. Anfänglich ist es ungewohnt, aber mit der Zeit geht es immer besser.

Verschränken Sie Ihre Arme, so wie Sie es gewohnt sind. Versuchen Sie es jetzt anders herum, so dass die andere Hand oben liegt. Fühlt es sich ungewohnt an? Ähnlich ungewohnt wird es sich für Führungskräfte anfühlen, nun regelmäßige OKR-Reviews in der Rolle als Coach oder Entwickler ihrer Mitarbeiter durchzuführen.

Was tun bei Abweichungen? Problemlösetechniken

Ein weiteres Feld, in dem Sie Ihre Führungskräfte und Mitarbeiter intensiv schulen sollten, ist deren Problemlösungskompetenz. Erfahrungsgemäß ist dieses Thema in vielen Unternehmen komplett unterrepräsentiert. Mangelnde Problemlösungsfähigkeiten führen dazu, dass Meetings ineffizient laufen und dass unzureichende OKR-Ergebnisse von einem OKR-Quartal zum nächsten geschleppt, aber nie richtig bearbeitet werden.

Problemlösungskompetenz ist im Kontext von OKR vor allem dann erforderlich, wenn die Ist-Werte in erheblichem Umfang von den Planwerten abweichen oder ein Thema nicht nachhaltig gelöst wird und immer wieder auf dem Zettel steht.

Erst kürzlich coachte ich ein OKR-Review bei einem Wohnwagen-Hersteller. Als Objective war die Erhöhung der Gutteilrate von Wohnwagen definiert. Im Review berichtete der Meister einer Montagelinie, dass er es in der letzten Woche immer wieder mit Kratzern in den Seitenteilen zu tun hatte. Der Qualitätsleiter meinte darauf hin, dass er wie beim letzten Mal bereits dem Lackierer Bescheid gegeben habe, um die Kratzer wieder auszubessern. Daraufhin ging man zum nächsten OKR über.

Lassen Sie uns reflektieren: Natürlich kann es im Sinne einer Sofortmaßnahme Sinn machen, den Lackierer einzuschalten. Dennoch hätte als Maßnahme definiert werden müssen, sich im Detail anzuschauen, warum und wo die Kratzer entstanden sind. Das kann in unterschiedlichen Prozessen, zum Beispiel beim Transport, in der Vorfertigung oder bereits durch Lieferanten, passiert sein. Um das jedoch herauszufinden, muss man sich vor Ort entlang der Prozesskette bewegen, bis man die Ursache gefunden hat. Anschließend gilt es herauszuarbeiten, welche Gegenmaßnahmen definiert werden müssen, um zu vermeiden, dass die Kratzer erneut auftauchen.

Das Qualitätsmanagement und das Lean Management stellen uns eine große Auswahl an Problemlösemethoden zu Verfügung. Im Zusammenhang mit OKR empfehle ich Ihnen die Auseinandersetzung mit folgenden Methoden.

Überblick über die wichtigsten Problemlösungsmethoden

Generell geht es bei der Anwendung von Problemlösungsmethoden darum, die eigentliche Wurzel des Problems zu identifizieren. In unserem Kontext werden die Techniken relevant, wenn wir eine Abweichung vom Plan haben. Das erkennen wir an einer Lücke zwischen unserem Zielwert und dem aktuellen Status.

Bei signifikanten Abweichungen, bei denen wir die Ursache nicht kennen, ist es zwingend notwendig, einen Problemlösungsprozess zu starten, in dem die Kernursachen analysiert und Gegenmaßnahmen definiert werden.

Unternehmensweite, gut ausgebildete Problemlöser benötigen eine Kultur, in der Abweichungen offen diskutiert werden können und in der die Anwendung der Problemlösungsmethoden von der Unternehmensleitung gefordert und unterstützt wird.

In der Praxis existiert eine ganze Reihe an Werkzeugen, die insbesondere im Qualitätsmanagement beheimatet sind. An dieser Stelle möchte ich mich auf diejenigen Werkzeuge konzentrieren, die ich in der Praxis am häufigsten einsetze. Allen diesen Methoden sind zwei Dinge gemeinsam:

- Sie basieren auf strukturiertem Denken.
- Sie haben das Ziel, Probleme durch das Finden der Ursachen nachhaltig abzustellen.

Tipps zur Problemlösung

- Achten Sie während der Problemlösung immer darauf, dass der nichtfunktionierende Prozess im Fokus steht und nicht etwa das Verschulden von Mitarbeitern.
- Erfragen Sie in einem ersten Schritt stets, ob Daten für den Problemlösungsprozess zur Verfügung stehen. Die Erfahrung zeigt, dass es beim genaueren Hinsehen häufig mehr verwendbare Daten gibt, als sich Mitarbeiter vorstellen können.

Noch mehr Infos zu Problemlösemethoden finden Sie in meinem Buch »Hoshin Kanri – Policy Deployment durch agile Strategieumsetzung«.

Wie Sie die richtige Methode auswählen

Achten Sie bei der Auswahl der Problemlösungsmethode vor allem auf zwei Aspekte:

- Wie gut ist die zugrunde liegende Datenbasis?
- Mit welcher Zielgruppe im Unternehmen haben Sie es zu tun: eher mit dem oberen Management oder mit Mitarbeitern am Shopfloor?

Orientiert an diesen Kriterien habe ich die Problemlösungsmethoden in eine Übersicht gebracht, um Ihnen Auswahlkriterien an die Hand zu geben, welche Methode wann anzuwenden ist.

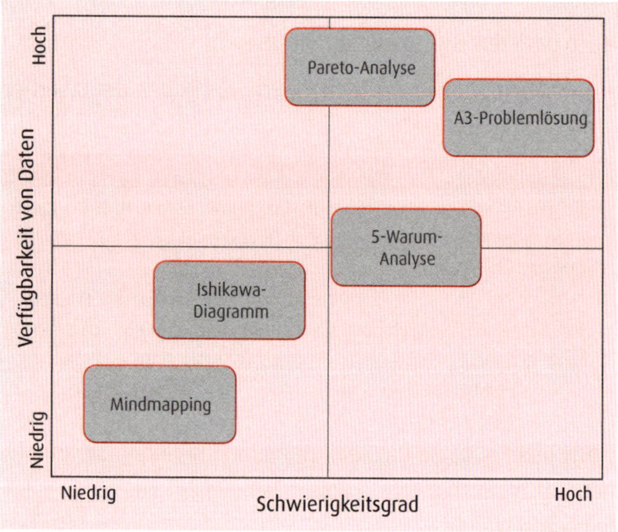

Abb. 32: *Problemlösemethoden*

- Die horizontale Achse zeigt die Dimension »Schwierigkeitsgrad in der Anwendung«, eingestuft nach niedrig und hoch.
- Die vertikale Achse zeigt die Dimension »Verfügbarkeit von Daten«, ebenso eingestuft nach niedrig und hoch.

Insgesamt stelle ich in diesem TaschenGuide fünf Problemlösungsmethoden dar, die ich entsprechend in die Übersicht oben eingeordnet habe.

Mindmapping und das Ishikawa-Diagramm, unten links, sind die am leichtesten anzuwendenden Methoden. Oben rechts sehen Sie die 5-Warum-Analyse, die Pareto-Analyse und die A3-Problemlösung. Sie haben einen höheren Schwierigskeitsgrad und setzen einen höheren Grad an verfügbaren Daten voraus.

> Wenn Sie die Problemlösungsfähigkeiten in Ihrer Organisation stärken möchten, empfehle ich Ihnen, dies top-down einzuführen. Eine gute Problemlösungskultur muss von oben vorgelebt, eingefordert und vor allem gecoacht werden. Der Start mit Trainings am Shopfloor oder auf der Taskebene wird keine Nachhaltigkeit mit sich bringen.

Mindmapping

Mindmapping ist wahrscheinlich die einfachste und bekannteste Methode zur Problemlösung. Eine Mindmap kann ins Deutsche übersetzt als Denklandkarte beschrieben werden. Sie dient dazu komplexe Gedanken, Ideen und Assoziationen zu einem Problem visuell darzustellen.

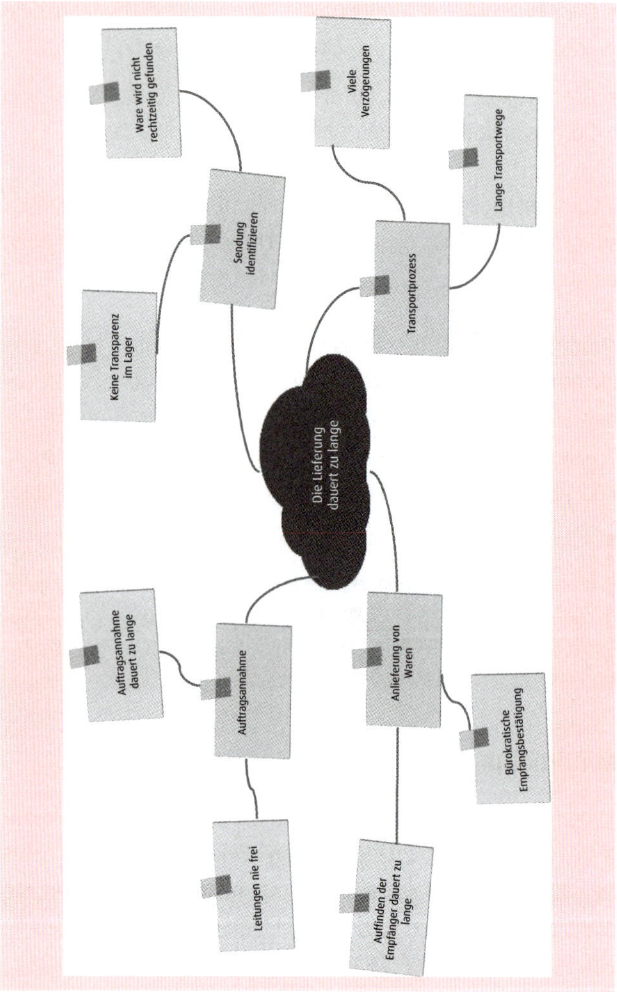

Abb. 33: *Mindmapping*

Diese Methode ist hervorragend geeignet, um die komplexe Art des Denkens zu visualisieren, und zwar viel besser, als es beispielsweise ein Fließtext oder aufgelistete Stichpunkte können. Mit einer Mindmap werden insbesondere Verbindungen und Zusammenhänge sichtbar gemacht.

Ich wende die Mindmapping-Methode dann an, wenn wir nur wenig Zahlen, Daten und Fakten zu Verfügung haben und es darum geht, eine Flut an Informationen, Einfällen und Ideen erst einmal zu sortieren und anschließend zu priorisieren. Sie bietet sich auch an, wenn Teams noch nicht sehr erfahren in der Problemlösung sind. Mindmapping kann schnell erklärt und sehr interaktiv im Team eingesetzt werden.

Außerdem ist die Mindmap ein kreatives Hilfsmittel, um sich von eingleisigen Denkprozessen loszulösen und die Gedanken einfach mal laufenzulassen. Dabei können viele Beteiligte eingebunden werden.

Bei einem von mir beratenen Logistikdienstleister hatten wir das Problem zu langer Lieferfristen. Außer den reporteten Lieferzahlen gab es keine weiteren Zahlen, Daten und Fakten. Deswegen einigte man sich im Team auf die Durchführung einer Mindmap.

Vorgehensweise

Eine Mindmap wird zentriert aufgebaut: vom Großen ins Kleine, vom Allgemeinen ins Detail. Schreiben Sie das Problem auf ein leeres Blatt Papier oder noch besser auf einen Post-it-Zettel, den Sie auf eine Metaplanwand kleben. Um das zentrale Problem deutlich hervorzuheben, können Sie es ganz nach Belieben einrahmen – in einem Kreis, einem Viereck oder einer Wolke.

Im nächsten Schritt sammelt das Team mögliche Ursachen für das zentrale Problem. Versuchen Sie so viele Ursachen wie möglich zu finden. Benutzen Sie bei der Beschriftung der Zettel Verben, Substantive, Adjektive oder kleine Zeichen und Symbole. Füllwörter und ganze Sätze sind überflüssig und stören den Prozess. Schreiben Sie ruhig unsortiert auf, was Ihnen in den Sinn kommt. Wegstreichen und priorisieren können Sie später noch. Anschließend versuchen Sie Ordnung in die Gedanken zu bringen, indem Sie Oberbegriffe finden.

Die Oberbegriffe bilden die Hauptäste um das zentrale Problem herum und zweigen direkt davon ab.

Im Beispiel des Logistikunternehmens definierte das Team folgende vier Hauptbeeinflussungsfaktoren für das Problem der zu langen Lieferfristen:

- die Auftragsannahme,
- das Identifizieren von Sendungen,
- der eigentliche Transportprozess und
- die Anlieferung von Waren.

Von den Hauptästen zweigen wiederum Unteräste ab. Hier werden tiefergehende Ursachen notiert, die zugehörig zu den

Hauptästen sind. Sie können natürlich in der Verästelung der Map noch weitergehen und zusätzliche und detailliertere Ursachen in weiteren noch kleineren Unterästen ermitteln.

Im Beispiel wurde beim Aspekt der Auftragsannahme festgestellt, dass die Telefonleitungen so gut wie nie frei waren und dass die Auftragsannahme insgesamt zu lange dauerte.

Abschließend priorisiert das Team jene Ursachen, die den größten Einfluss auf das gesamte Problem haben.

Damit die Mindmap inspirierend und visuell eingängig ist, kann mit verschiedenen Farben gearbeitet werden. Sie können farblich zwischen dem zentralen Problem, den Haupteinflussfaktoren und den Unterthemen unterscheiden. Wenn Ihnen nichts mehr einfällt und die Mindmap vollständig erscheint, können die Äste und Schlüsselworte priorisiert und geclustert sowie bei Bedarf entfernt werden.

Ishikawa-Diagramm

Eine dem Mindmapping ähnliche Methode ist das Ishikawa-Diagramm, das auch als Fischgrätendiagramm bekannt ist. Es wird zur systematischeren und ausführlichen Ermittlung von Problemen verwendet. Der Schwierigkeitsgrad ist etwas höher als beim Mindmapping. Das Ishikawa-Diagramm benötigt zudem mehr Zahlen, Daten und Fakten.

Das Ishikawa-Diagramm gibt verschiedene Kategorien vor, in denen mögliche Einflussgrößen gesucht werden können. Diese repräsentieren die Fischgräten.

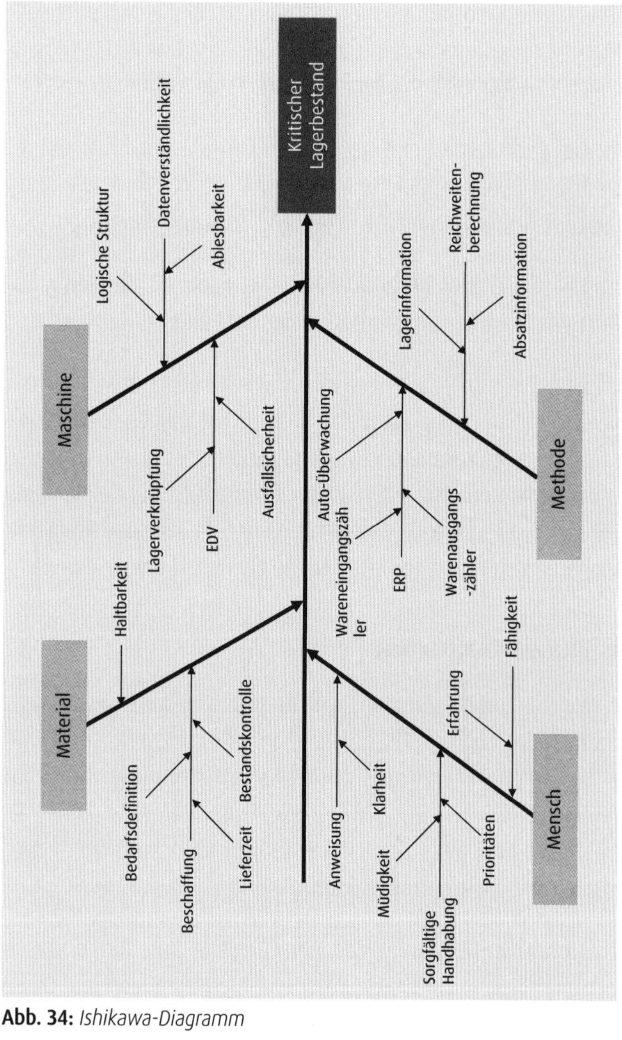

Abb. 34: *Ishikawa-Diagramm*

Vorgehensweise

Je mehr Personen an der Ursachenanalyse mit dem Ishikawa-Diagramm beteiligt sind, desto vielseitiger gerät hinterher die Betrachtung. Sie sollten die Methode daher in Teamarbeit durchführen.

Sie starten damit, dass Sie das Problem auf die rechte Seite eines Blattes Papier oder auf die rechte Seite einer Metaplanwand schreiben.

Im hier dargestellten Beispiel ist das Problem ist ein kritischer Lagerbestand bei einem Kabelhersteller.

Zeichnen Sie dann einen horizontalen Pfeil nach rechts. Seine Spitze zeigt auf das Problem.

Von diesem Hauptstrang gehen schräg die Pfeile der Haupteinflussgrößen ab, die zu dem Problem führen. Diese stellen die Fischgräten dar und werden mit Kategorien bezeichnet. Die bekanntesten Kategorien sind Material, Maschine, Mensch und Methode. Bringen Sie diese links von Ihrem Problem an und lassen Sie das Team passende Einflussgrößen dafür suchen und zuordnen.

Es haben sich für das Ishikawa-Diagramm im Lauf der Zeit noch weitere mögliche Kategorien herausgebildet, wie die Mitwelt oder zusätzlich das Management. Diese bereits vordefinierten Haupteinflussgrößen dienen als Ideengeber für mögliche Suchfelder.

In einem nächsten Schritt sammelt das Team in einem Brainstorming mögliche Ursachen, die sich den Hauteinflussgrößen bzw. den Kategorien zuordnen lassen.

Bei der Kategorie Material sind dies in unserem Beispiel die Beschaffung und die Haltbarkeit. Bei der Kategorie Maschine, hier stellvertretend für Systeme, wurden als Gründe die EDV und Verständlichkeit genannt. Bei der Kategorie Mensch sind es Anweisungen, sorgfältige Handhabung und Fähigkeiten. Bei der Methode sind es das ERP-System und die Reichweitenberechnung.

Liegen diesen Ursachen wiederum weitere Ursachen zugrunde, so kann das Diagramm noch weiter verzweigt werden. Darstellbar ist dies mit Nebenästen, in Form von kleineren Pfeilen. In der Regel muss eine Ursache mehrmals hinterfragt werden, um an die Wurzel des Problems zu stoßen.

Steigen wir zum Beispiel in der Kategorie Material tiefer in den Beschaffungsprozess ein, entdecken wir weitere Ursachen für den knappen Materialbestand: unklare Bedarfsdefinitionen, Lieferschwierigkeiten und die Bestandskontrolle.

Bei Bedarf kann bei den Unterästen wiederum noch weiter verzweigt werden. Aus Gründen der Übersichtlichkeit geschieht dies jedoch nicht mehr im Ishikawa-Diagramm. Besser ist es in solchen Fällen, die Ursachenanalyse in die 5-Warum Analyse zu überführen, die ich im nächsten Abschnitt darstelle.

Hat man alle potenziellen Problemursachen aufgeschrieben, geht es nun an deren Gewichtung, und zwar im Hinblick auf ihre Bedeutung für und ihren Impact auf das Problem. An dieser Stelle kommen nun weitere Experimente, Tests, statische Auswertungen zur Anwendung, um die Annahmen in Bezug auf das untersuchte Problem entweder zu verifizieren oder zu widerlegen. Erst danach können die Problemursachen priorisiert und klassifiziert werden, um Handlungsoptionen und Vorgehensweisen abzuleiten.

Im letzten Schritt werden Maßnahmen zur Behebung des Problems oder zur Prävention erarbeitet und in Hinblick auf Qualität, Kosten und Zeit bewertet.

Das Ishikawa-Diagramm unterscheidet sich methodisch in zwei wesentlichen Punkten vom Mindmapping:

- Die Ursachenanalyse wird bei der Fishbone-Methode anhand vorgegebener Kategorien durchgeführt.
- Für die Bestätigung von Zusammenhängen wird zudem stärker mit Zahlen, Daten und Fakten gearbeitet.

5-Warum-Analyse

In Schwierigkeitsgrad und Datenverfügbarkeit höher angesiedelt als die vorherigen zwei Methoden ist die 5-Warum-Analyse. Sie dient dazu, ein Problem in der Tiefe zu analysieren.

Wenn Sie beispielsweise eine Abweichung im Bowling Chart identifiziert haben und der Meinung sind, zu deren Ursachenanalyse tiefer in den Prozess einsteigen zu müssen, ist die 5-Warum-Analyse hilfreich. Das 5-Warum ist wörtlich zu nehmen: Fünfmal wird nach dem Warum gefragt. So nähert man sich allmählich der eigentlichen Ursache des Problems, der sogenannten Kernursache an.

Die Methode ist zwar simpel erklärt, hat es aber in sich. So darf ihr Schwierigkeitsgrad nicht unterschätzt werden. Er bewegt sich verglichen mit den bereits dargestellten Problemlösungstechniken eher am oberen Ende der Skala. Sie erfordert eine intensive und kritische Hinterfragung der ersten Ergebnisse.

Auch benötigt die 5-Warum-Analyse gerade in der folgenden Analyse mehr Zahlen, Daten und Fakten als das Mindmapping und das Ishikawa-Diagramm.

Die Anzahl der Fragen ist trotz des Namens übrigens nicht auf fünf begrenzt. Wichtig ist, dass so lange mittels der Warum-Fragen nachgehakt wird, bis der fehlerverursachende Prozessschritt eindeutig identifiziert und nicht mehr weiter analysierbar ist.

Steigen wir nun mithilfe eines Beispiels tiefer in die Methode ein. Nehmen wir an, das Problem liegt darin, dass eine bestimmte Maschine stehengeblieben ist.

- Warum Nr. 1: Warum ist die Maschine stehengeblieben?

  Weil sich der Selbstauslöser ausgeschaltet hat.

- Warum Nr. 2: Warum hat sich der Selbstauslöser ausgeschaltet?

  Weil die Pumpe geklemmt hat.

- Warum Nr. 3: Warum hat die Pumpe geklemmt?

  Weil Metallspäne die Welle beschädigt haben.

- Warum Nr. 4: Warum haben Metallspäne die Welle beschädigt?

  Weil Späne in das Schmiersystem eingedrungen sind.

- Warum Nr. 5: Warum sind Späne in das Schmiersystem eingedrungen?

  Weil sich kein Filter in der Zuleitung befand.

Nachdem wir auf diese Art und Weise die Ursache des Problems gefunden haben, gilt es nun, die Gegenmaßnahmen zu definieren, die notwendig sind, um ein erneutes Auftreten des Problems zu verhindern.

Beachten Sie, dass es durchaus auch mehrere Grundursachen für ein Problem geben kann. Sehr häufig erlebe ich Teams, die nur eindimensional vorgehen. Es kann jedoch auch mehrere Antworten geben, die durchaus unabhängig voneinander sein können.

Dies zeige ich Ihnen anhand des folgenden Beispiels. Hier ging es um das Problem, dass der Umsatz während des Jahres nicht wie geplant erzielt wurde. Schauen wir uns die Antworten auf das Warum näher an:

Warum wurde der geplante Umsatz nicht erzielt?
Weil der Auftragseingang in Osteuropa nicht erreicht wurde.

Warum wurde der Auftragseingang in Osteuropa nicht erreicht?
Weil die Lieferzeiten zu lang waren.

Warum waren die Lieferzeiten zu lang?
Weil nicht genügend Fertigungskapazitäten zu Verfügung standen.

Warum standen nicht genügend Fertigungskapazitäten zur Verfügung?
Weil es zu hohe Ausfallzeiten bei den Maschinen gab.

Warum gab es zu hohe Ausfallzeiten bei den Maschinen?
Weil es keine vorausschauenden Instandhaltungsmaßnahmen gab.

In diesem Beispiel sind wir bisher eindimensional vorgegangen. Bereits bei den Antworten auf die ersten Warum-Fragen, zum Beispiel beim unzureichenden Auftragseingang, würden sich sicherlich noch mehr mögliche Antwortvarianten finden lassen. So zum Beispiel, dass nicht genügend Vertriebskapazitäten zu Verfügung gestanden haben. Die möglichen Ursachen sind nicht zwingend voneinander abhängig. So haben die Vertriebskapazitäten beispielsweise keinen Einfluss auf die Liefertreue. Verbessere ich das eine, kann das andere immer noch als Problemursache weiterexistieren.

Alternativ kann es auch passieren, dass über unterschiedliche Zweige dieselbe Grundursache identifiziert wird. Im Zweifel wäre das aber nicht schlimm – vom doppelt investierten Zeitaufwand einmal abgesehen.

> Wenden Sie die 5-W-Analyse immer dann an, wenn Sie ganz tief in ein Problem einsteigen müssen. Nutzen Sie die Methode am besten immer in Kombination mit anderen Problemlösungstechniken wie zum Beispiel dem Ishikawa-Diagramm oder der Pareto-Analyse, die Sie im folgenden Abschnitt kennenlernen.

Pareto-Analyse

Die bisher dargestellten Methoden können insbesondere dann eingesetzt werden, wenn man es mit eher wenigen zur Verfügung stehenden Daten zu tun hat. Für die Pareto-Analyse ist dagegen eine solide Datengrundlage erforderlich.

Basierend auf dieser soll sie dabei helfen, die wesentlichen Ursachen für ein Problem herauszuarbeiten. Getreu der 80-20-Regel: 80 % der Probleme sind auf 20 % der Ursachen zurückzuführen.

- 80 % der Unfälle werden beispielsweise von 20 % der Autofahrer verursacht.
- 80 % der Arbeit werden von 20 % der Mitarbeiter erledigt.
- 80 % des Umsatzes wird von 20 % der Kunden gemacht.

> Ziel der Pareto-Analyse ist es, die wichtigsten Ursachen für ein Problem ausfindig zu machen, um sich diesen vordringlich zu widmen.

Da die Methode insbesondere analytische Kenntnisse und Fähigkeiten voraussetzt, ist sie verglichen mit den zuvor dargestellten Techniken auf der Skala des Schwierigkeitsgrades im hohen Bereich angesiedelt.

Vorgehensweise

Schaffen Sie zuerst die Datenbasis für Ihr zu analysierendes Problem. Hierbei ist es wichtig, dass sich die Daten bestimmten vordefinierten Kategorien zuordnen lassen.

Ein plakatives Beispiel dafür ist die sogenannte Fehlersammelkarte. Auf dieser Sammelkarte sind die bekannten Fehler- oder Problemarten aufgelistet. Über einen bestimmten Zeitraum werden dann die Häufigkeiten je Kategorie notiert. Eine ähnliche Datenbasis benötigen wir für eine Pareto-Analyse.

Ein Pareto-Diagramm wird im Normalfall durch Balken bzw. Säulen dargestellt. Dabei werden die Balken von der höchsten zur niedrigsten Häufigkeit absteigend sortiert.

Ein Zulieferer für Büromöbel hatte folgendes Problem: In seinem Bowling Chart war die Reklamationshäufigkeit von mechanischen Bauteilen über Plan angestiegen. Bei der Datenerhebung wurden den Reklamationen sechs Kategorien zugeordnet: Verspätung, Lackfehler, Rechnung, Farbabweichung, Montagefehler und Fehlauslieferung.

Im entsprechenden Pareto-Diagramm trugen wir die Daten auf der waagerechten Achse von links nach rechts ab, beginnend mit der häufigsten Reklamationsart. Das waren 33 Reklamationen in der Kategorie Verspätung. Es folgten 19 Reklamationen in Bezug auf Lackfehler etc.

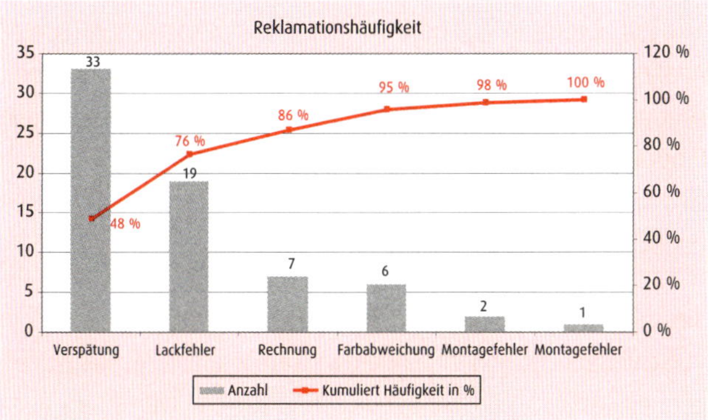

Abb. 35: *Pareto-Diagramm*

Ergänzend wird der Anteil der jeweiligen Reklamationsart an der Gesamtsumme von Reklamationen kumuliert dargestellt. Das zeigt die rote Linie. Dadurch lassen sich von links ausgehend diejenigen Kategorien, die etwa 70 bis 80 % der gesamten Datenbasis bedeuten, leicht visualisieren.

Die Linie für den kumulierten Prozentsatz beginnt am ersten, also höchsten Balken und erstreckt sich bis zum letzten Balken. So können Sie den zusätzlichen Beitrag jeder Kategorie besser einschätzen. Der kumulierte Prozentsatz wird außerdem für jeden Balken unterhalb des Diagramms angezeigt.

Wie Sie in der Grafik sehen können, tragen die Verspätungen zu 48 % zu Reklamationen bei. Addiert mit den Lackfehlern beträgt ihr Anteil 76 %. Diese ersten beiden Reklamationsarten machen damit beinahe 80 % aller Reklamationen aus.

Verlassen Sie sich nicht nur auf eine Analyse. Eventuell ist es sinnvoll, weiter in die Tiefe zu gehen mit zusätzlichen Pareto-Analysen. Es kann sich je nach Einzelfall anbieten, über weitere, sogenannte mehrstufige Paretos zu analysieren, ob spezielle Produktgruppen oder Kundengruppen betroffen sind oder ob sich spezielle Fehler oder Probleme in bestimmten Schichten oder Bereichen häufen.

Sie müssen also bildlich ausgedrückt den großen Klumpen in verschiedene Scheiben schneiden, um weitere Muster zu erkennen. Analysieren können Sie nur soweit, wie Ihnen auch Daten zu Verfügung stehen. So kann es sein, dass Sie mit der Analyse der Daten bereits auf die Grundursache stoßen. Dies ist jedoch äußert selten der Fall.

Das bedeutet, dass Sie an einer bestimmten Stelle die Pareto-Analyse unterbrechen oder gar verlassen müssen und sich für weitere Analysen dem Ishikawa-Diagramm oder der 5-Warum-Analyse widmen müssen.

Für die Kategorien mit dem höchsten Anteil beginnt anschließend der eigentliche Verbesserungsprozess, indem Sie die Grundursachen für deren Auftreten ermitteln.

A3-Problemlösung

Ein weiteres Werkzeug zur Ursachenanalyse ist der A3-Problemlösungsprozess. Diese Technik ist eine der umfangreichsten Problemlösungsmethoden und integriert die eben beschriebenen sowie weiterführende Methoden. Der Name geht auf das dabei verwendete DIN-A3-Papierformat zurück.

Die Besonderheit der A3-Problemlösungsmethode besteht darin, dass sie mehrere Problemlösungswerkzeuge miteinander kombiniert. Sie macht es damit möglich, mit einem sehr systematischen und detaillierten Ansatz an die Problemursache zu gelangen. Die A3-Problemlösung weist daher auch verglichen mit anderen Methoden einen hohen Schwierigkeitsgrad auf. Zudem setzt sie eine sehr solide Datenbasis voraus.

Die A3-Methode ist ein Qualitätsmanagement-Werkzeug, das dann verwendet wird, wenn das Problem sehr komplex ist. Übertragen auf den Hoshin-Kanri-Prozess (siehe Kapitel »Abgrenzung zu anderen Managementsystemen«) wende ich die Problemlösungsmethode an, wenn wir eine große Abweichung im Bowling Chart haben und der Grund eher auf operativer Ebene bzw. nah am Shopfloor gesucht werden muss.

In einem aus sieben Schritten bestehenden Vorgehen wird der Problemlöser durch die Problembearbeitung geführt. Die Erkenntnisse daraus werden in Gestalt einer »Problemlösungsstory« übersichtlich auf einem A3-Blatt dargestellt.

Das bearbeitete Problem wird damit visuell gestaltet, sodass auch ein unbeteiligter Dritter sehr schnell die wesentlichen Inhalte erfassen kann.

Wir schauen uns im Folgenden anhand eines Beispiels aus der Praxis Schritt für Schritt an, wie sich ein A3-Problemlösungsprozess vollzieht. Der Hersteller von Leiterplatten hat als eine Verbesserungspriorität in der X-Matrix die 100 %-Einhaltung der Liefertreue definiert (siehe zur X-Matrix Kapitel »Abgrenzung zu anderen Managementsystemen«). Der zugehörige Erfolgsindikator ist die Anzahl der ausgelieferten Leiterplatten im Vergleich zum Plan. Das Bowling Chart zeigt, dass bereits im ersten Quartal die Lieferzahlen nicht mehr eingehalten werden konnten. Dies führte letztlich zu einer hohen Kundenunzufriedenheit.

Schritt 1: Vorbereitung

Zunächst wird der das untersuchte Problem als Titel für den Problemlösungsprozess formuliert. Es ist wichtig, dass dieser völlig lösungsneutral ist. Er sollte das festgestellte Problem und dessen Auswirkung(en) beinhalten.

Im Beispiel wurde als Problem eine hohe Kundenunzufriedenheit aufgrund sinkender Liefertreue definiert. Michael Müller wurde als Verantwortlicher für die Untersuchung des Lieferproblems eingetragen.

Schritt 2: Beschreibung des Problems

Das Problem wird beschrieben. Idealerweise wird es auf Basis von Zahlen, Daten und Fakten grafisch dargestellt. Dabei werden die Zahlen aus dem Bowling Chart verwendet. Durch die Visualisierung der Plan- und Ist-Werte ist auf einen Blick ersichtlich, wie hoch die Abweichungen sind.

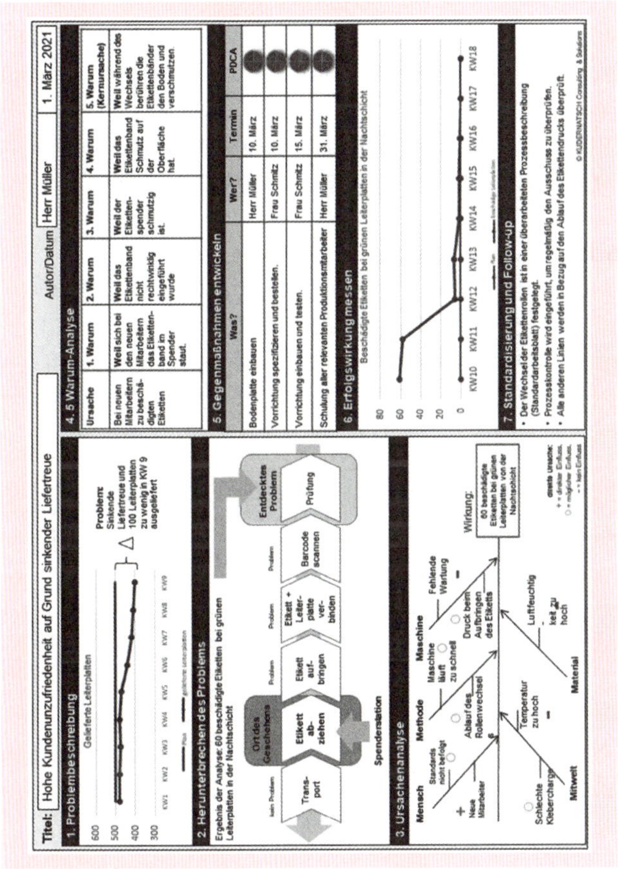

Abb. 36: *A3-Problemlösung*

Die Grafik zeigt, wie sich die Ist-Lieferzahlen der Leiterplatten im Vergleich zu den geplanten Lieferzahlen in den ersten Kalenderwochen entwickelt haben. Wir sehen, dass die Lieferzahlen in den ersten vier Kalenderwochen bereits unter dem Plan waren, jedoch ab der fünften Kalenderwoche drastisch abfielen. In der aktuellen Kalenderwoche, der Kalenderwoche 9, wurden anstelle von 500 Leiterplatten nur 400 Leiterplatten ausgeliefert. Und damit ist auch schon das Problem beschrieben: Es wurden 100 Stück Lieferplatten zu wenig ausgeliefert.

Schritt 3: Aufschlüsselung des Problems

Nun geht es darum, das Problem durch weitere Analysen aufzuschlüsseln. Das können Pareto-Analysen oder Untersuchungen des Prozessablaufs sein. In unserem Beispiel wurden verschiedene Datenanalysen durchgeführt, die hier jedoch nicht explizit aufgeführt werden.

Die ersten Analysen ergaben, dass es sich bei den nicht ausgelieferten Leiterplatten sowohl um beschädigte Leiterplatten handelte als auch um Leiterplatten, bei denen das Etikett beschädigt war. Eine Pareto-Analyse zeigte, dass die zweite Kategorie überwog.

Des Weiteren zeigten die Daten, dass es sich um 60 grüne Leiterplatten mit beschädigten Etiketten handelte. Diese kamen allesamt aus der Nachtschicht. Mehr war den vorhandenen Daten nicht zu entnehmen.

Daraufhin schaute man sich die Abläufe direkt in der Nachtschicht an. Man startete ab dem Punkt, wo das Problem entdeckt wurde, nämlich bei der Prüfstation. Diesen Prozessschritt sehen wir rechts in der Abbildung. Von dort aus verfolgte man den Prozess weiter zurück. Letztlich stellte man fest, dass das Problem an der Spenderstation lag, wo die Etiketten abgezogen wurden.

Die Stelle, an dem das Problem zum ersten Mal auftritt, wird im Problemlösungsprozess auch der Ort des Geschehens genannt. Hat man den Ort des Geschehens identifiziert, weiß man zwar, wo das Problem aufgetreten ist, aber nicht, warum es eingetreten ist. Deswegen werden im folgenden Schritt tiefergehende Ursachenanalysen durchgeführt.

Schritt 4: Ursachen analysieren

In unserem Beispiel wurde die Ursachenanalyse mittels des Ishikawa-Diagramms durchgeführt. Für das identifizierte Problem, nämlich die »60 beschädigten Etiketten der grünen Leiterplatten in der Nachtschicht«, wurden mögliche Ursachen von den Beteiligten in einer Brainstorming Session identifiziert und den 5M (Mensch, Methode, Maschine, Mitwelt und Material) zugeordnet.

Gründe für das Problem waren hier beispielsweise nicht befolgte Standards, zu schnelle Maschinengeschwindigkeit, fehlende Wartung, falscher Druck beim Aufbringen des Etiketts, schlechte Klebecharge, zu hohe Luftfeuchtigkeit.

Anschließend erarbeitete das Team, wie man einen möglichen Zusammenhang zwischen den genannten Gründen und dem festgestellten Problem überprüfen kann, z.B. ob man vor Ort gehen muss und sich bestimmte Dinge anschauen muss oder ob man weitere Analysen durchführen muss.

Anschließend waren die Beteiligten in der Lage, alle Ursachen in Bezug auf drei Kriterien zu beurteilen:

- kein Einfluss,
- möglicher Einfluss und
- direkter Einfluss.

Als Symbole für diese Einflussgrade dienten die folgenden Zeichen:

- ein rotes Minuszeichen,
- ein gelber Kringel oder
- ein grünes Kreuz.

Eine Analyse der Ausschusszahlen ergab einen direkten Zusammenhang zwischen den beschädigten Etiketten auf den grünen Leiterplatten und neuen Mitarbeitern.

Es war zu diesem Zeitpunkt noch nicht möglich zu beantworten, warum das Problem speziell bei den neuen Mitarbeitern auftrat. Das Team konnte nur feststellen, dass diese einen direkten Einfluss auf das Problem hatten.

Schritt 5: Kernursache herausarbeiten und Gegenmaßnahmen definieren

In Schritt 5 geht es zunächst darum, die Kernursache zu finden. Hier bietet sich die 5-Warum-Analyse an, die auch in unserem Beispiel zur Anwendung kam:

1. Ausgehend von der gefundenen Ursache wurde das erste Warum definiert: Warum kommt es bei den neuen Mitarbeitern zu beschädigten Etiketten? Antwort: **Weil** sich bei den neuen Mitarbeitern das Etikettenband im Spender staut.
2. Warum staut sich das Etikettenband im Spender? **Weil** das Etikettenband nicht rechtwinklig eingeführt wurde.
3. Warum wurde das Etikettenband nicht rechtwinklig eingeführt? **Weil** der Etikettenspender schmutzig ist.
4. Warum ist der Etikettenspender schmutzig? **Weil** das Etikettenband Schmutz auf der Oberfläche aufweist.
5. Warum weist das Etikettenband Schmutz auf der Oberfläche auf? **Weil** während des Wechsels die Etikettenbänder den Boden berühren und verschmutzen.

Mit Antwort Nr. 5 war man an dem nicht funktionierenden Prozessschritt angelangt und hatte somit die Kernursache identifiziert.

Als weiterer Teilschritt in der Phase 5 werden Gegenmaßnahmen definiert, um das Wiederauftreten des Problems zu vermeiden. Dabei wird festgelegt, wer was bis wann umsetzt. Der Fortschritt wird mittels der PDCA-Methode gemessen.

In unserem Beispiel definierte das Team die folgende Sofortmaßnahme: Herr Müller sollte bis zum 15. März eine Bodenplatte einbauen lassen.

Als prozesssichere Langfristmaßnahme sollte bis zum 16. März eine neue Vorrichtung spezifiziert und bestellt werden. Die Vorrichtung bis zum 26. März eingebaut und getestet sein.

Hierfür wurde Frau Schmitz als Verantwortliche eingetragen.

Schließlich sollten alle relevanten Produktionsmitarbeiter in der neuen Handhabung bis zum 31. März geschult werden. Dies lag wiederum in der Verantwortung von Herrn Müller.

Schritt 6: Erfolge der Gegenmaßnahmen bewerten

In dieser Phase wird die Erfolgswirkung der Gegenmaßnahmen gemessen. In unserem Beispielsfall bezieht sich die Erfolgsmessung nur auf die beschädigten Etiketten, da diese auch als das Problem mit dem größten Anteil identifiziert wurden. Es ist zu erkennen, dass bereits nach drei Wochen, also in Kalenderwoche 12, eine signifikante Verbesserung durch die eingebaute Bodenplatte erreicht werden konnte. Wenige Wochen später ging die Anzahl an Leiterplatten mit beschädigten Etiketten auf null zurück. Dies konnte auf die prozesssichere Vorrichtung zurückgeführt werden.

Schritt 7: Standardisierung und Follow-up

In dieser Phase geht es darum, die Nachhaltigkeit der Gegenmaßnahmen sicherzustellen, und zu überprüfen, ob ein ähnliches Problem noch woanders im Unternehmen auftreten kann. Dieser Schritt heißt deswegen auch Standardisierung und Follow-up.

Im Beispielsfall wurde im Rahmen dieses Schrittes der Wechsel der Etikettenrollen ist einem Standardarbeitsblatt festgelegt. Des Weiteren wurde eine Prozesskontrolle eingeführt, die regelmäßig den Ausschuss prüfte. Außerdem wurden alle anderen Produktionslinien in Bezug auf den Ablauf des Etikettendrucks überprüft.

> Vielleicht haben Sie es schon bemerkt: Der A3-Problemlöseprozess folgt der PDCA-Logik. Die Schritte 1 bis 4 repräsentieren den Plan, Schritt 5 das Do, Schritt 6 den Check und Schritt 7 das Act.

Chancen und Risiken des A3-Problemlösungsprozesses

Der A3-Problemlösungsprozess ist eine sehr umfangreiche Problemanalyse-Methode, bei der die Ursachenanalyse einen großen Anteil einnimmt. In der Praxis besteht die Gefahr dieser Methode darin, dass sie häufig zu großer Bürokratie führt, da Teams und Mitarbeiter angehalten sind, die zughörige Vorlage in allen Details auszufüllen.

Dabei geht es jedoch nicht um das Berichtswesen, sondern vielmehr darum, den Prozess der Problemlösung transparent zu machen und Problemlösungen im Unternehmen zu entwickeln. Der A3-Problemlösungsprozess ist ein Spiegelbild des gesamten Denkprozesses. Man spricht daher auch vom A3-Denken. Erlernen lässt es sich am besten durch gutes Coaching. Durch die richtige Anwendung entwickelt sich ein Unternehmen hin zu einer lernenden Organisation.

Der A3-Problemlösungsprozess hat sich mittlerweile auch in großen Unternehmen etabliert. So setzt beispielsweise der Autohersteller Toyota die Methode unternehmensweit als das Kernelement im Strategieumsetzungsprozess ein. Sie fungiert als Führungsinstrument zur Entwicklung und Befähigung von Teams und Mitarbeitern, um auf der einen Seite Probleme bei Abweichungen auf strukturierte Weise zu lösen und zum anderen, um Lösungsansätze für Durchbruchziele zu erarbeiten.

Die Führungskraft als OKR-Manager

Die erfolgreiche Einführung eines OKR-Managements steht und fällt mit den Führungskräften. Als Coaches und als Sparringspartner begleiten sie ihre Teams und räumen Hindernisse auf dem Weg zur Seite.

In diesem Kapitel finden Sie Methoden, mit denen Sie

- Ihre Mitarbeiter im Change bestmöglich unterstützen und
- Widerstände auflösen.

Die Aufgaben eines OKR-Managers

OKR-Umsetzung ist ein reines Führungsthema. Führungskräfte müssen hier entweder die Rolle eines OKR-Managers oder die Rolle als OKR-Coach einnehmen (siehe hierzu Kapitel »Die Rolle der Führungskraft«).

Natürlich benötigen Sie anfangs interne Methodenexperten. Sie sind jedoch aus meiner Sicht eher »Wadlbeißer«, wie man in Bayern sagt, also diejenigen, die nah an den Führungskräften dran sind, sie bei der Umsetzung ihrer Aufgaben methodisch begleiten und vor allem auch Disziplin einfordern.

Sehen Sie jedoch davon ab, reine Experten wie bei typischen Six-Sigma-Ausbildungen auszubilden. Vielfach führt das nämlich dazu, dass sich die Führungskräfte auf diese verlassen, mit der Folge, dass früher oder später die Experten den Job der Führungskräfte übernehmen.

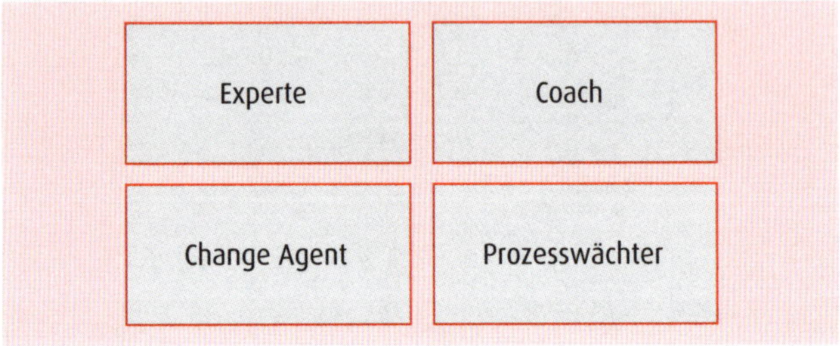

Abb. 37: *Die Rollen des OKR-Managers*

Change-Management

OKR-Einführungen bringen in vielen Unternehmen einen großen Change-Prozess mit sich. So sollen zum Beispiel alle Mitarbeiter »ins Boot geholt« werden und den Veränderungsprozess mittragen. Führungskräfte sollen bei den Mitarbeitern Widerstände auflösen und sie durch den komplexen Veränderungsprozess führen. Change-Prozesse und damit auch die dauerhafte und nachhaltige Einführung von OKR sind eine große Herausforderung für Führungskräfte und alle Beteiligten. Misslingen sie aufgrund von schlechtem oder ineffektivem Change-Management, kann das teuer werden.

Das Wheel of Change

Ein wertvolles Werkzeug, um Veränderungsprozesse greifbar zu machen ist das »Change-Rad« oder »Wheel of Change« der Firma Actee (siehe die folgende Abb.). Ich setze es zu Beginn und auch während jedes OKR-Projekts ein. Es unterstützt die Unternehmen dabei, einen komplexen Change-Prozess in ihrer Organisation zu implementieren und die dabei anfallenden Führungs- und Managementaufgaben zu bewältigen, um alle beteiligten Personen durch den Change-Prozess zu führen. Ebenso hilft es den Führungskräften und dem Management dabei, die verschiedenen Beteiligten so schnell wie möglich an Bord zu holen.

> Das Wheel of Change macht Veränderungsprozesse greifbar, transparent und steuerbar.

In der Arbeit mit dem Wheel of Change durchlaufen die Teilnehmer einen gesamten Change-Prozess von Anfang bis Ende, dessen Phasen durch Boards (Floorboard mit 2,50 Meter Durchmesser oder Tischboard) visualisiert sind. Während sich ein Floorboard eher für große Gruppe eignet, ist das Tischboard eher in Gruppen mit wenigen Teilnehmern oder im Coaching zu empfehlen. Mittlerweile gibt es auch computergestützte Anwendungen des Wheel of Change.

Abb. 38: *Arbeit mit dem Wheel of Change*

Auf dem Rad lassen sich verschiedene Changemanagement- und Führungstheorien abbilden, beispielsweise

- »Beyond the Wall of Resistance« von Rick Maurer,
- «Leading Change« von John Kotter,
- »Leading at a higher Level« von Kenneth Blanchard,

- »Primal Leadership/Emotional Intelligence« von Daniel Goleman oder
- der Myers-Briggs Typenindikator (MBTI).

Damit können gezielt diejenigen Aspekte im Change fokussiert werden, um die es gerade geht.

Das Wheel of Change ermöglicht es dabei auch, mehrere Modelle bzw. Theorien parallel zu betrachten. Zum Beispiel kann gezeigt werden, wo einzelne Betroffene in Bezug auf den Change stehen, das heißt, in welcher Phase und in welcher Form ihres Widerstands (Rick Maurer) sie gerade sind. Damit können sie genau da abgeholt werden, wo sie im Prozess stehen. Gleichzeitig liefert das Wheel of Change auch Hinweise, was in welcher Phase aus Sicht der Führung des Change-Prozesses zu tun ist (John Kotter).

OKR-Change-Canvas

Um Führungskräften das Managen des Change-Prozesses in der Umsetzung leichter zu machen, habe ich das Change-Canvas entwickelt. Es soll die Change-Story möglichst kurz und prägnant beschreiben und auch bildlich darstellen.

In der folgenden Abbildung sehen Sie eine Vorlage für das OKR-Change-Canvas. Mithilfe dieses Tools können Sie gemeinsam mit Ihrer Führungskoalition die Change-Story entwerfen und Ihre Ideen zügig strukturieren und verfeinern.

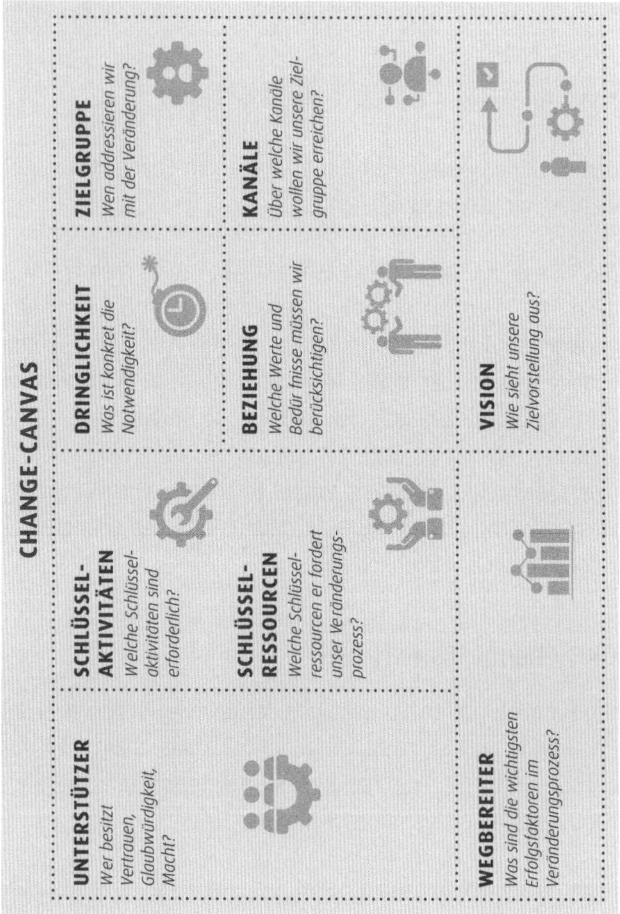

Abb. 39: *Change-Canvas*

Im Change-Canvas werden Sie durch verschiedene Schritte geleitet, die im Folgenden näher dargestellt sind.

1. **Dringlichkeit:** Stellen Sie sich zum Start die Frage: Warum müssen wir überhaupt OKR einführen? Erfahrungsgemäß ist die Beschreibung der Dringlichkeit der schwierigste Part. Denn sie ist der Ausgangspunkt dafür, warum sich die Organisation überhaupt bewegen muss. Versuchen Sie die Aspekte erlebbar und emotional zu beschreiben. Der Beweggrund muss nicht aus einer Krise resultieren. Auch Chancen können Veränderungsbedarf mit sich bringen. Beispiele für veränderungsrelevante Triebfedern können auch Zielkonflikte, Silodenken, Ressourcenengpässe oder Firefighting sein. Wichtig ist, dass sich die Beteiligten in einer Organisation von der Beschreibung direkt betroffen und angesprochen fühlen und insbesondere einen Nutzen des Changes für sich selber sehen.
2. **Vision:** Entwickeln Sie als Nächstes eine Vision. Hier geht es nicht etwa um die Unternehmensvision, sondern darum, was Sie mit der Einführung von OKR generell erreichen wollen. Wichtig ist es hier herauszuarbeiten, was die Zukunft vom bisherigen Zustand unterscheidet. Das Zielbild sollte möglichst ansprechend und attraktiv für die Organisation sein. Auch hier bietet es sich an, die Vision bildhaft, möglichst emotional und für alle verständlich darzustellen.

3. **Zielgruppe:** Generell betrifft ein OKR-Prozess unterschiedliche Personengruppen, die unterschiedliche Aufgaben haben und sich in unterschiedlichen Stufen befinden. Wir wollen wissen, welche Gruppen wir adressieren, wer die Veränderungen wie stark treibt und wer wo im Prozess steht. Zielgruppen können beispielsweise Führungskräfte, Mitarbeiter, der Vorstand, Shareholder oder Stakeholder sein.
4. **Beziehung:** Der Beziehungsaufbau im Veränderungsprozess ist von großer Bedeutung. Er kann erst dann erfolgen, wenn wir beispielsweise wissen, wer wo im Veränderungsprozess steht, und ob der Beziehungsaufbau individuell oder temporär erfolgen muss. Nicht jede Zielgruppe muss in gleicher Weise angesprochen werden. Unterschiedliche Zielgruppen stehen in unterschiedlicher Art und Weise der OKR-Einführung gegenüber und lösen differenziertes Verhalten aus. Deswegen ist es wichtig herauszufinden, wie wir mit den Zielgruppen umgehen und welche Werte und Bedürfnisse berücksichtigt werden müssen.
5. **Kanäle:** Nachdem wir wissen, wen wir ansprechen müssen und wo die Zielgruppen im Prozess stehen, geht es nun darum, den richtigen Kanal für die Change-Kommunikation zu wählen. Neben persönlichen Treffen, Teammeetings oder Workshops empfehlen wir die Retrospektive als einen wichtigen Kanal.

> Verwenden Sie bei der Erarbeitung Post-its, um viele Ideen zu sammeln und flexibel in der Zuordnung sein zu können.

Bisher haben wir beschrieben, was wir »nach außen« hin (also Front Stage) tun wollen. Nun schauen wir uns an, wie wir das intern steuern und managen wollen (Back Stage).

1. **Unterstützer:** Zunächst ist es wichtig sich zu überlegen, wer intern den Veränderungsprozess vorantreiben soll und wer ein hohes Maß an Glaubwürdigkeit, Vertrauen und Authentizität besitzt. Aus diesen Personen, die aus unterschiedlichen Teilen einer Organisation kommen können, wird die sogenannte Führungskoalition zusammengesetzt. Wichtig ist, dass dieser Personenkreis ein interdisziplinäres Team darstellt, das hierarchieübergreifend zusammengestellt ist und in dem auch Querdenker vertreten sind. Ich empfehle auch, die Change-Story mit der Führungskoalition zu erarbeiten.
2. **Schlüsselaktivitäten:** Nun geht es an die Begleitung des Veränderungsprozesses. Abhängig vom jeweiligen Status-quo des Change-Prozesses muss sich die Führungskoalition überlegen, was die wesentlichen Aktivitäten sind, um möglichst alle Beteiligten mit im Boot zu haben. Dabei ist es von großer Bedeutung, sich gezielt zu überlegen, welche Tätigkeiten am erfolgversprechendsten sind und wie die Erfolge sichtbar gemacht werden können. Ein Gespür dafür, ob Handlungsnotwendigkeit besteht, eine objektive Sicht auf die Dinge sowie schnelle und messbare Umsetzung sind in diesem Punkt die wesentlichen Erfolgsfaktoren. Wichtige Heble sind regelmäßig stattfindende OKR-Trainings und Retrospektiven.

3. **Schlüsselressourcen:** Ein Change-Prozess bedeutet Aufwand und erfordert Zeit und Geld. Deswegen ist es unabdingbar, sich gezielt über den Einsatz von Schlüsselressourcen Gedanken zu machen. Hierzu zählt, welche Kompetenzen im Veränderungsprozess benötigt werden, wann sie eingesetzt werden und mit welchem finanziellen Aufwand gerechnet werden muss. OKR-Einführungen kommen immer »on top«. Deswegen empfehle ich Ihnen bei diesem Punkt, sich Gedanken zu machen, wo Sie gezielt Handlungsfreiräume schaffen. Beispielsweise sind das bewusste Streichen von Projekten, Reportings oder Meetings oder das Auflösen bestimmter Strukturen Möglichkeiten, um sichtbaren Freiraum für die Beteiligten zu schaffen.
4. **Wegbereiter:** »Tun Sie Gutes und sprechen Sie darüber« – diese Devise ist ein wichtiger Grundsatz des Veränderungsprozesses, auch schon vor der OKR-Einführung. Deswegen sollten Sie sich überlegen, welche die relevantesten Erfolgsfaktoren sind. Ebenso sollten Sie darüber nachdenken, wie Sie Widerstände auflösen könnten. Ich empfehle Ihnen, bewusstes Lernen im Veränderungsprozess herbeizuführen. Reflektieren Sie in der Retrospektive Ihre Lernerfahrungen und leiten Sie daraus bewusst Erfolgsfaktoren ab. Dies wird Ihnen helfen, effektive Maßnahmen zu definieren, die typische Begleiterscheinungen des Change adressieren, wie z.B. Widerstände, mangelnde Disziplin oder Rückfall in alte Muster.

Widerstände – Wenn Sie nicht mehr weiterkommen

Es gibt immer Personen, die einfach nicht beim Change mitmachen wollen. In den vielen OKR-Projekten, die ich über die Jahre begleitet habe, hat sich eine 20-60-20-Regel bestätigt:

1. 20 % haben Sie sofort im Boot. Diese Mitarbeiter müssen Sie nicht lange für OKR begeistern. Sie wissen, dass OKR notwendig sind, dass es dem Unternehmen hilft und dass sie selber auch davon profitieren.
2. 60 % der Beteiligten sind nicht wirklich hocherfreut. Sie sind auch nicht komplett dagegen. Aber sie stehen der OKR-Einführung erst einmal abwartend gegenüber. Sieht jedoch dieser Personenkreis, dass OKR sinnvoll ist, werden sie auch mitmachen.
3. Die restlichen 20 % sind komplett gegen die Einführung. Diese Einstellung äußert sich in Ablehnung, Resignation oder Boykott. Seien Sie sich bewusst, dass diese Gruppe im Normalfall immer existiert – je nach Unternehmen mehr oder weniger ausgeprägt. Angehörige dieser Gruppe werden Sie nicht über den normalen Change-Prozess ins Boot holen. Ihre Ablehnung kann unterschiedliche Ursachen haben und ist meist auch nicht offensichtlich.

Gibt es Schlüsselpersonen, die Sie vor oder während des OKR-Einführungsprozesses in diese Gruppe einordnen, oder haben wichtige Treiber des OKR-Prozesses tagtäglich mit Verweigerern zu tun, empfehle ich Ihnen, über unterstützendes, professionelles Coaching nachzudenken. Ein Beispiel, wie das aussehen kann, ist im folgenden Abschnitt aufgeführt.

Widerstände auflösen durch systemisches Business-Coaching – ein Beispiel aus der Praxis

Ein Unternehmen aus der Lebensmittelindustrie hat sich zur Einführung von OKR entschlossen. Das Unternehmen wählte den Ansatz, OKR von ganz oben zu starten. Somit waren im ersten Jahr die Ebenen Geschäftsführung, Divisionen und Zentralabteilungen sowie die Bereichsleitung involviert. Die interne OKR-Projektleitung bestand aus Herr Dolling und seiner Chefin Frau Stetten. Das Unternehmen entschloss sich, das erste Jahr der Einführung extern begleiten zu lassen, um insbesondere die interne OKR-Projektleitung zu trainieren und zu befähigen.

In einem Kick-off wurde dem Managementteam die OKR-Methode vorgestellt. Im Meeting wurden zudem die ersten Workshops geplant. Da es in der Vergangenheit bereits mehrere Anläufe für einen Strategieumsetzungsprozess gegeben hatte, wurden zunächst Interviews mit dem Management und ein Strategie-Workshop durchgeführt und die mittelfristigen Ziele und Jahresziele erarbeitet. Anschließend wurde ein zweitägiger OKR-Workshop aufgesetzt, in dem die OKR für die vier Divisionen und sechs Zentralabteilungen festgelegt werden sollten. In diesem Workshop war bereits offensichtlich erkennbar, dass nicht alle Beteiligten den Sinn von OKR erkannten. Auch die festgelegten To-dos aus dem Workshop wurden in der Folgezeit nicht durchgängig umgesetzt. Der interne Projektleiter stieß insbesondere bei einem Divisionsleiter auf massive Barrieren, die er selbst nicht zu lösen vermochte. Deswegen entschied sich die Geschäftsführung dafür, dem Projektleiter, in dem sie viel Potenzial sahen, einen professionellen Coach zu Verfügung zu stellen.

In den folgenden Absätzen erhalten Sie einen Einblick, wie eine Coaching Session ablaufen kann. Sie sehen zudem, zu welchen Ergebnissen das Coaching in unserem Beispielsfall führte. Der Coach entschied sich hier für die Coaching-Methode Aufstellungsarbeit.

Coach: »Herr Dolling, wir sollten uns die gesamte Situation einmal aus der Adlerperspektive anschauen. Ich würde Sie gerne dazu auffordern, dass Sie diese farbigen Filzflecken nehmen und diese stellvertretend für sich und die beteiligten Kollegen verwenden. Suchen Sie sich bitte für sich und für jeden Kollegen eine Farbe aus. Legen Sie diese auf den Boden, bis für Sie das Bild passt und stimmig ist.«

Der Coach könnte des Weiteren noch die folgenden unterstützenden Fragen stellen:

- Wo würden Sie sich hinstellen?
- Wer ist alles beteiligt?
- Wen haben Sie noch im Team?
- Wer ist noch davon betroffen? (siehe die folgende Abbildung)

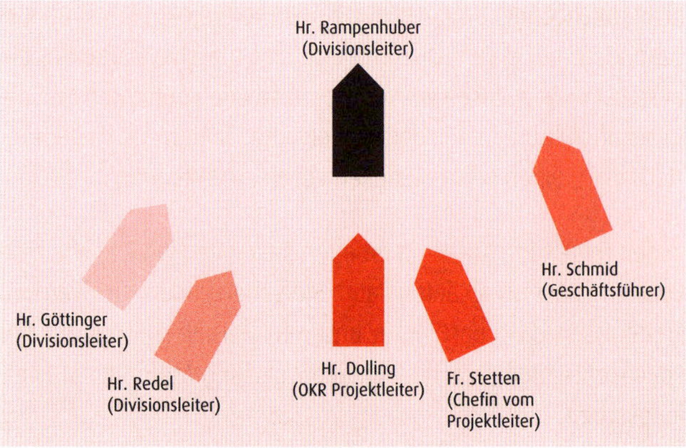

Abb. 40: *Ist-Situation bei Aufstellungsarbeit*

Coach: »Gut. Ist das stimmig so für Sie? *(Pause)* Dann bitte beschreiben Sie mir doch, was wir hier sehen.«

Klient: »Ich als OKR-Projektleiter bin hier. Rechts von mir ist Frau Stetten, meine Führungskraft. Wir stimmen uns sehr eng ab und verfolgen das gleiche Ziel, was die OKR-Einführung angeht. Rechts davon ist Herr Maier, der Geschäftsführer, und ganz vorne Herr Rampenhuber, der Divisionsleiter. Links von mir sind die Divisionsleiter.«

Coach: »Wenn Sie sich das jetzt aus der Entfernung anschauen und einen Schritt zurückgehen. Was fällt Ihnen auf?«

Klient: »Ich bin in der Mitte. Es schauen auch alle grundsätzlich in eine Richtung und nach vorne.«

Coach: »Was ist denn da vorne?«

Klient: »Die Zukunft.«

Coach: »Sehen alle das gleiche oder was Unterschiedliches?«

Klient: »Alle sehen was Unterschiedliches.«

Coach: »Ich bitte Sie nun, sich auf Ihre eigene Position zu stellen. (Pause) Inwieweit können Sie selbst auch nach vorne schauen?«

Klient: »Das kann ich nicht, weil Herr Rampenhuber vor mir steht.«

Coach: »Haben Sie eine Idee, weshalb er vor Ihnen steht?«

Klient: »Weil er sich mir in den Weg stellt. Er macht sein Ding und hat keine Lust auf OKR.«

Coach: »Gibt es noch einen Grund?«

Der Coach fragt weiter und tiefer. Er erfährt vom Coachee, dass der Divisionsleiter keine Transparenz möchte. Er möchte auch keine Zahlen offenlegen. Ebenso hat er keine Zeit für OKR. Er will damit nicht noch weitere zusätzliche Arbeit haben. Der Coachee mutmaßt auch, dass der Widerstand des Divisionsleiters etwas mit Unsicherheit zu tun haben könnte.

Anschließend bittet der Coach seinen Klienten, die Perspektive zu wechseln:

»Jetzt würde ich Sie bitten, sich auf die Position von Herrn Rampenhuber zu stellen. (Pause) SIE sind jetzt Herr Rampenhuber.«

Zunächst befragt der Coach seinen Klienten zu allgemeinen Informationen und Rahmenbedingungen. Der Coach erkundigt sich beispielsweise, für welchen Bereich er als Herr Rampenhuber zuständig ist, wie lange er schon im Unternehmen ist, für wie viele Mitarbeiter er Verantwortung hat etc.

Coach: »Herr Rampenhuber, wer steht hinter Ihnen? Wen nehmen Sie wahr?«

Klient: »Hinter mir steht der Projektleiter. Er steht direkt hinter mir. Es sieht mich auch der Chef des Projektleiters an. Links von mir stehen meine Kollegen. Die schauen auch auf mich. ...«

Coach: »Wie geht es Ihnen dabei?«

Klient: »Viele Kollegen schauen auf mich. Sie haben mich im Fokus.«

Coach: »Was wollen die Kollegen von Ihnen?«

Klient: »Es wurde ein Projekt gestartet zur Umsetzung einer neuen Strategie. Der Ansatz heißt OKR. Wir hatten bisher zwei Workshops. Dort bin ich mit der generellen Vorgehensweise und der neuen Methodik nicht so gut klargekommen. Außerdem verstehe ich nicht, warum überhaupt etwas geändert werden soll. Ich sehe dazu keinen Bedarf.«

Coach: »Aber warum schauen dann alle auf Sie?«

Klient: »Weil ich immer sehr deutlich sage, warum ich etwas nicht gut finde. Wir hatten eine Feedback-Runde am Ende des Workshops und ich habe meinen Unmut über die anstehenden Änderungen geäußert. Einige Kollegen meldeten mir daraufhin direkt zurück, dass ich schon während des Workshops meine Meinung hätte äußern sollen. Das ist mir angelastet worden.«

Der Coach frägt tiefer, um weitere Gründe zu erfahren, warum Herr Rampenhuber im direkten Fokus steht.

Coach: »Woran kann es nach Ihrer Meinung noch liegen, dass alle auf Sie schauen?«

Klient: »Der Projektleiter hinter mir will das Projekt vorantreiben und sicherstellen, dass alle Divisionsleiter im Boot sitzen. Die Projektleitung hat aber Angst, dass ich OKR nicht will.«

Coach: »Okay, das habe ich verstanden. Was könnte denn gut daran sein, dass Sie diese Meinung haben?«

Klient: »Nun ja, ich habe einen anderen und vielleicht auch kritischeren Blick auf die ganze Sache. Ich bin generell eher ein Skeptiker und schaue gerne immer mal tiefer wo rein. Und bei Bedarf trete ich dann auf die Bremse.«

Coach: »Und was könnte für den Projektleiter daraus von Nutzen sein?«

Klient: »Dass er nochmal überdenkt, ob das Vorgehen, wie es jetzt aufgesetzt ist, sinnvoll für das gesamte Unternehmen ist.«

Coach: »Das heißt, Sie haben eine wichtige Funktion. Stimmt das?«

Klient: »Im Grunde genommen ja.«

Coach: »Und wird diese wichtige Funktion auch im Team so wahrgenommen?«

Klient: »Nein, weil wir alle als Divisionsleiter gleichberechtigt sind. Auf mir darf gar nicht der Fokus liegen.«

Der Coach bittet den Coachee aus der Position von Herrn Rampenhuber herauszugehen, um anschließend auch die Sicht von weiteren Kollegen einzunehmen. Danach wird er gebeten, sich wieder auf seine eigene Position zu stellen. Der Coach befragt ihn hier erneut in seiner Rolle als Projektleiter.

Coach: »Herr Dolling, welchen Nutzen kann das Verhalten von Herrn Rampenhuber haben?«

Klient: »Sicherlich ist es gut, wenn ein Kritiker im Team ist. Einer, der sagt: Pass auf. Einer, der das Vorgehen regelmäßig reflektiert, um zu vermeiden, dass eine Stromschnelle kommen könnte. Sicherlich ist es auch gut, wenn jemand auf die Bremse drückt, um zu vermeiden, dass eine Organisation mit einem allzu schnellen Wandel überfordert ist.«

Der Coach hat mit diesem Gespräch einen Perspektivenwechsel beim Coachee Dolling herbeigeführt. Mit dem Wechsel in die Position von Herrn Rampenhuber konnte er sich besser in dessen Person hineindenken und sein Verhalten und die Gründe hierzu besser verstehen. Er hat nun einen anderen Blick auf Herrn Rampenhuber. Der Coach bittet Herrn Dolling nun, das Team so zu positionieren, wie er es sich wünschen würde.

Coach: »Bitte legen Sie sich nun die Filzflecken so zurecht, wie es für Sie passend erscheint.«

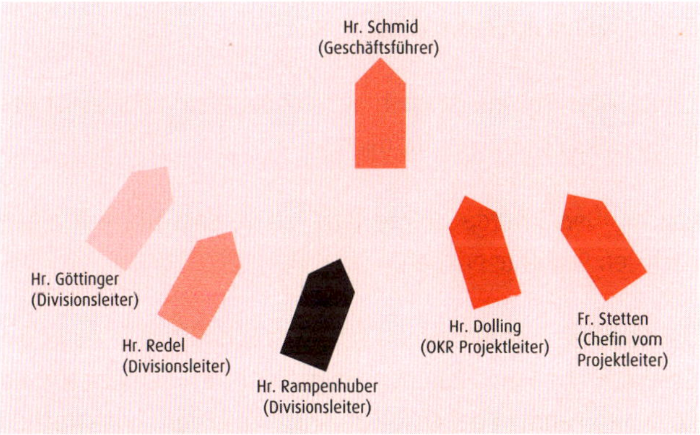

Abb. 41: *Ist-Situation am Ende der Coaching-Session*

Der Klient legt sich das Bild mithilfe der Filzflecken so, wie es für ihn am besten passt und erzählt dabei, wie er die Kollegen positioniert (siehe die Grafik).

»Okay … also: Generell sollte der Geschäftsführer die Richtung vorgeben und ganz vorne stehen. Auf ihn schauen sowohl die

Divisionsleiter als auch die Projektleitung. Ebenso sind Divisionsleitung und Projektleitung nicht voneinander abgewandt. Dennoch sehe ich mich als Projektleiter ein Stück weit in der Vorreiterrolle sowie verantwortlich für Methode und Organisation.«

Der Coach bittet seinen Klienten nun, nacheinander jede Position einzunehmen, um zu überprüfen, ob die neue Aufstellung für alle stimmig ist. Er wiederholt den Prozess mit dem Coachee so lange, bis ein stimmiges Bild herauskommt.

Coach: »Fühlt sich das so besser an?«

Klient: »Der Beweis ist noch nicht angetreten, aber es ist auf jeden Fall so stimmiger für mich.«

Coach: »Dann würde ich Sie jetzt bitten, dass Sie sich einen nächsten Schritt überlegen.«

Der Coachee legt für sich als nächsten Schritt fest, dass er ein Gespräch mit Herrn Rampenhuber sucht, um gemeinsam die Rollen im Rahmen der OKR-Einführung zu klären. Zwei Wochen später erzählt Herr Dolling seinem Coach, dass das Gespräch mit dem Direktionsleiter sehr positiv verlief und sich die Zusammenarbeit seither schon etwas gebessert hat. Aufgrund des gedanklichen Perspektivenwechsel fällt es Herrn Dolling jetzt leichter, die Reaktionsweisen des Direktionsleiters zu verstehen.

Auf einen Blick: Die Führungskraft als OKR-Manager

- OKR-Umsetzung ist ein reines Führungsthema. Führungskräfte sollten hier die Rolle eines OKR-Managers oder die Rolle als OKR-Coach einnehmen.
- Die nachhaltige Einführung von OKR setzt gutes und bedachtes Change-Management voraus. Das Wheel of Change unterstützt die Unternehmen dabei, komplexe Change-Prozesse zu implementieren und die dabei anfallenden Führungs- und Managementaufgaben zu bewältigen. Ebenso hilfreich ist der OKR-Change-Canvas.
- Widerstände sind in Change-Prozessen ganz normal. Bei besonders hartnäckiger Ablehnung kann professionelles Coaching sinnvoll sein.

Implementierung von OKR

Wenn Sie OKR in Ihrem Unternehmen einführen wollen, stellt sich natürlich die Frage: Wie und wo starten? Es gibt einige Punkte, die Sie vor der Implementierung mit dem Topmanagement klären sollten.

In diesem Kapitel erfahren Sie,

- welche Einflussfaktoren Sie nicht außer Acht lassen sollten,
- welche Implementierungsstrategien es gibt,
- ob und wie Sie OKR an das Bonus- und Vergütungssystem knüpfen sollten.

Einflussfaktoren

In der Praxis hat sich gezeigt, dass es Faktoren gibt, die einen wesentlichen Einfluss auf die Auswahl der geeigneten Implementierungsstrategie haben. Sie sind im Folgenden aufgeführt:

- Ziel der Einführung von OKR
- Reifegrad der Organisation
- Gültigkeit und Verwendbarkeit der strategischen Ausrichtung
- Bestehende Managementsysteme (zum Beispiel BSC, MbO)
- Anbindung an KPI-System
- Fokus auf strategische Ausrichtung oder Mix strategische Ausrichtung, CI, Tagesgeschäft
- Nutzung von »Durchbruchszielen«
- Mix aus top-down und bottom-up
- Anzahl einzubindender Hierarchieebenen im ersten Schritt
- Verbindung mit dem Shopfloor Managementsystem (SFM)
- Ressource im Sinne eines OKR-Methodenexperten
- Ressourcen im Sinne der beteiligten Führungskräfte
- Qualität von KPI und Erfolgsindikatoren
- Erfolgsmessung der OKR-Einführung
- Anbindung an das Bonus-/Vergütungssystem
- Gestaltung des Veränderungsprozesses und der Kommunikationsstrategie
- Gültigkeit der 20-60-20-Regel (20 % der Betroffenen sind dafür, 60 % sind neutral, 20 % zeigen Widerstand)

Tipps

Das Topmanagement wird erst in der Lage sein, den Umgang mit den meisten Einflussgrößen zu beurteilen, wenn es in der OKR-Methode geschult wurde. Deswegen empfehle ich vor dem Start einer Einführung immer einen zweitägigen OKR-Workshop mit dem Management.

Zur Beurteilung des Reifegrads der Organisation bieten wir eine kostenlose Selbstbeurteilung zum Strategieumsetzungsprozess an via https://www.onlineumfragen.com/login.cfm?umfrage=92073

Implementierungsstrategien

Im Folgenden stelle ich sieben Implementierungsstrategien mit ihren Vor- und Nachteilen dar.

Strategie 1: Top-down

Ohne Frage ist es ideal, den Prozess mit dem Topmanagement zu starten. Dies bedeutet jedoch, dass das Commitment ganz oben vorhanden sein muss. Je größer ein Unternehmen und je höher die Zahl der Vorstands- oder Geschäftsführungsmitglieder ist, desto geringer ist die Wahrscheinlichkeit, dass gesamthaft der Wille besteht OKR einzuführen. Bis hier eine Entscheidung gefällt wird, können oft Jahre vergehen.

Strategie 2: Start mit Pilotprojekten

Es hat sich bewährt, mit Pilotprojekten in kleineren Bereichen zu starten (zum Beispiel Geschäftsbereich, Division, Werk, Bereich). Ich bin generell ein Freund von Pilotprojekten. Bei vielen meiner Kunden hat sich gezeigt, welch positiven Effekt sie haben können: Eine gute OKR-Umsetzung im Pilotprojekt spricht sich herum, auch in anderen Bereichen. So erhöht sich die Wahrscheinlichkeit, dass OKR im Unternehmen Verbreitung findet.

> Versuchen Sie bei Pilotprojekten immer, den gesamten OKR-Prozess mindestens ab der Festlegung von mittelfristigen Zielen zu starten. Sie laufen sonst Gefahr, dass Sie zu operativ unterwegs sind.

Natürlich kann man Einbußen in der horizontalen Abstimmung haben. Wenn jedoch die Piloteinheit einen wirklichen Nutzen durch den Prozess erkennt, weckt das schnell Interesse bei benachbarten Geschäftseinheiten, die den Prozess dann ebenso starten möchten. Letztendlich wird das Topmanagement irgendwann erkennen, dass für die Folgejahre der Prozess von ganz oben starten muss.

Strategie 3: OKR-Einführung auf ein Thema beschränkt

Verfolgt ein Unternehmen eine signifikante Veränderung oder eine Verbesserung mit einem bestimmten Ziel (zum Beispiel hinsichtlich der Qualität oder Kosten), dann kann sich die OKR-Einführung auch allein auf dieses Thema beschränken.

Strategie 4: OKR-Einführung auf Produktfamilie beschränkt

Insbesondere vor dem Hintergrund der Verbesserung des »End-to-end«-Prozesses (vom Kunden zum Kunden) kann man OKR auch auf den Wertstrom einer bestimmten Produktfamilie anwenden.

Strategie 5: OKR-Einführung je Hierarchieebene

Diese Verfahrensweise eignet sich, wenn die oberste Führungsmannschaft erst einmal selbst den Prozess verinnerlichen muss, um dann entsprechendes Verhalten vorleben zu können. Die Erfahrung hat gezeigt, dass es die gesamte Organisation überfordern kann, wenn die OKR-Einführung zu schnell innerhalb des ersten Jahres geschieht. Dann bietet es sich an, jährlich schrittweise nur wenige Hierarchieebenen einzubinden.

Strategie 6: Holokratischer Ansatz

Im holokratischen Ansatz setzen sich die OKR themen- oder prozessbezogen zusammen. Unabhängig von der Hierarchieebene werden hier Verantwortlichkeiten für OKR definiert und entsprechend umgesetzt. So kann es ein OKR auf Unternehmensebene geben, das – unabhängig von der Hierarchie – von OKR aus bestimmten Themenfeldern, wie zum Beispiel Projektstrukturen oder crossfunktionalen Produkt- oder Entwicklungsteams, beeinflusst wird. OKR-Verantwortliche organisieren sich selbst und legen Zuständigkeiten fest.

Strategie 7: Mix aus OKR

Der eher holokratische Ansatz ist in der Praxis für ein gesamtes Unternehmen oft nicht machbar, denn meistens gibt es neben agilen Strukturen doch noch die klassische hierarchische Struktur. Deswegen kann Strategie Nr. 7 relevant werden, bei der ein Mix aus OKR eingeführt wird, nämlich einmal bezogen auf erforderliche Netzwerke und einmal für die Bereiche, die noch in klassischen Hierarchiestrukturen organisiert sind. In beiden Fällen lässt sich mit OKR arbeiten.

1. Unternehmensweit Top-down

Vorteile	Nachteile
• Einbeziehung und Ausrichtung des gesamten Unternehmens • Optimale Ausschöpfung der cross-funktionalen Abstimmung • Optimale Bearbeitung von Zielkonflikten	• Erfordert Commitment vom gesamten Management • Oftmals langer Entscheid • Durchgängige OKR-Ausrichtung kann eine Organisation anfangs überfordern

2. Pilot: Ausgewählte Organisationseinheit (Division, Werk, Bereich etc.)

Vorteile	Nachteile
• Pilot erfordert meist keine so große Entscheidungsfindung • Abgegrenzter Bereich • Relativ schneller OKR-Umsetzungsprozess	• Kein Einstieg auf oberster Ebene • Abstimmung von Zielen zwischen Organisationseinheiten (mögliche Zielkonflikte) kann u.U. suboptimal sein

3. Pilot: Ausgewählter OKR-Schwerpunkt (Kostenziel, Prozessziel, Qualitätsziel etc.)

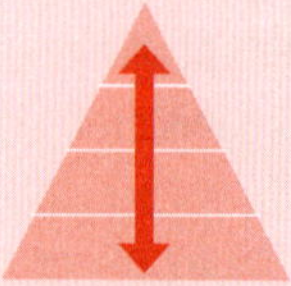

Vorteile	Nachteile
• Pilot erfordert meist keine so große Entscheidungsfindung • Fokus auf ein Ziel • Einstieg auf oberster Ebene • Schnelle OKR-Ausrichtung über mehrere Ebenen	• Abstimmung von Zielen untereinander (mögliche Zielkonflikte) kann u.U. suboptimal sein

4. Pilot: Ausgewählter Wertstrom

Vorteile	Nachteile
• Pilot erfordert meist keine so große Entscheidungsfindung • Cross-funktionale Abstimmung • Schneller OKR-Umsetzungsprozess	• In großen Unternehmen Einstieg nicht auf oberster Ebene

5. Pilot: TOP Level

Vorteile	Nachteile
• Einstieg auf oberster Ebene • Lernreise für die Führung • Einbeziehung der obersten Bereiche und Führungskräfte • Cross-funktionale Abstimmung und Bearbeitung von Zielkonflikten auf oberer Ebene • Vorbildfunktion des Managements	• Erfordert Commitment vom gesamten Management • Oftmals langer Entscheid • Anfänglich keine durchgängige OKR-Ausrichtung bis auf untere Ebenen

6. Pilot: Holokratisch

Vorteile	Nachteile
• Agile und flexible Ausrichtung außerhalb der Hierarchie • Aufbau von Netzwerkstrukturen	• Etablierte Strukturen können zu Problemen führen • Zielkonflikte bei Führungskräften bzgl. Zuständigkeit und Ressourceneinsatz

7. Mix aus holokratisch und Hierarchie

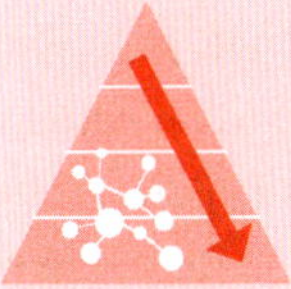

Vorteile	Nachteile
• Abbildung von Netzwerkstrukturen und Hierarchieebenen • Sowohl agile Teams als auch klassische Bereichsstrukturen finden sich wieder • Ermöglicht das Üben von Arbeiten in Netzwerkstrukturen	• Zielkonflikte bzgl. Zuständigkeit und Ressourceneinsatz • Erfordert Commitment vom gesamten Management • Nicht für alle Organisationen geeignet und abhängig vom Reifegrad

Abb. 42 bis 45: *Unterschiedliche Implementierungsstrategien*

Anbindung von OKR an Bonus- und Vergütungssysteme

Die Verknüpfung von OKR mit dem variablen Vergütungssystem ist ein viel diskutiertes und zwiespältiges Thema im Rahmen von OKR-Einführungen. Generell raten OKR-Experten von einer solchen Anbindung ab.

Schauen wir uns die unterschiedlichen Varianten in der Praxis einmal näher an.

Fall 1: OKR sind nicht mit dem variablen Vergütungssystem verknüpft

Der Vorteil dieser Variante ist, dass sich Führungskräfte eher ambitioniertere Ziele setzen werden als bei einer Verknüpfung. Der Grund: Werden die Ziele nicht erreicht, hat das keine monetären Auswirkungen. Allerdings kann Gleiches auch ein Nachteil sein: Die Motivation, die Ziele zu erreichen, ist geringer als bei Zielen, die mit einem monetären Vorteil verknüpft sind.

Fall 2: OKR sind mit dem variablen Vergütungssystem verknüpft

Der Vorteil ist dieser Variante ist es, dass nur ein Zielsystem existiert und Sie dadurch eine entsprechende Vereinfachung schaffen. Der Nachteil liegt darin, dass sich Führungskräfte eher moderatere Ziele setzen und mit sehr ambitionierten Zielwerten weniger gut umgehen können.

Fall 3: Das variable Vergütungssystem wird abgeschafft

Einige wenige Unternehmen schaffen im Zusammenhang mit der Einführung von OKR das Bonussystem und auch Mitarbeitergespräche komplett ab. Sie argumentieren, dass variable Vergütungssysteme die Belegschaft rein extrinsisch motivieren würden mit der Folge, dass die Mitarbeiter ihren Einsatz nur um des Geldes willen erbringen. Hingegen sind Menschen, die intrinsisch motiviert sind, weil ihnen die Arbeit Spaß macht und sie es von sich aus wollen, eher in der Lage, sehr hohe Ziele zu erreichen.

Sicherlich steht die variable Vergütung im Zusammenhang mit der klassischen Zielvereinbarung im Rahmen des MbO-Ansatzes. In den Zielvereinbarungsgesprächen werden normalerweise die variablen Gehaltsbestandteile festgelegt und am Ende des Jahres auf ihre Erreichung überprüft. Da dies in persönlichen Gesprächen zwischen Führungskraft und Mitarbeiter stattfindet, sind die variablen Gehaltsbestandteile häufig nicht im Unternehmen bekannt. Nehmen Unternehmen den Grundsatz der absoluten Transparenz von OKR ernst, dann mündet das zwangsläufig in Zielkonflikten. Mehr noch: Es birgt das Risiko, dass die OKR-Einführung komplett scheitert.

Unternehmen sollten daher zwangsläufig auch die Sinnhaftigkeit von Mitarbeitergesprächen überdenken. John Doerr ist der Meinung, dass im Schnitt jede Führungskraft mehr als sieben Stunden im Jahr pro Mitarbeiter für Mitarbeitergespräche verwendet. Nehmen wir nun an, dass eine Führungskraft im Schnitt 20 Mitarbeiter hat, ist sie knapp 19 Tage im Jahr allein nur mit Mitarbeitergesprächen beschäftigt.

Was das nach sich zieht, zeigt folgendes Beispiel aus der Unternehmenspraxis: Anlässlich eines Beratungsauftrags planten wir bei einem Kunden die Gestaltung von Tafeln für die OKR-Reviews. Deshalb waren wir vor Ort in der Produktentwicklung. Uns begegnete der Leiter Produktentwicklung vorbei. Ich wollte diese Begegnung nutzen, um ihn etwas zum Thema zu fragen. Doch er eilte vorbei und rief mir nur schnell zu: »Ich habe gerade keine Zeit, ich muss zum Mitarbeitergespräch«. Dieses Beispiel ist kein Einzelfall.

Führungskräfte haben häufig gar keine Chance, Mitarbeitergespräche im geeigneten Zeitfenster zu führen. So kommt es, dass diese Gespräche häufig bis ins nächste Quartal reichen.

John Doerr empfiehlt deshalb das sogenannte kontinuierliche Performance Management als Alternative zu jährlichen Mitarbeitergesprächen. Er nennt solche Gespräche auch CFR, eine Wortschöpfung aus den Anfangsbuchstaben Conversation, Feedback, Recognition. Es sind regelmäßige, fortlaufende Dialoge zwischen Führungskraft und Mitarbeiter, die die persönliche Zielerreichung zum Gegenstand haben und hauptsächlich auf der Beziehungsebene geführt werden. Sie sollen als Enabler, also Befähiger, für die OKR-Umsetzung fungieren.

Die CFR können um sogenannte Echtzeit-Dialoge ergänzt werden. Stellen Sie sich vor, Sie arbeiten mit Ihrem Team auf die Erreichung Ihrer Objectives hin und haben wöchentliche Reviews verankert. Dabei stellen Sie fest, dass ein Mitarbeiter persönliche Schwierigkeiten bei der Umsetzung hat. In einem Echtzeit-Dialog gehen Sie sofort in das direkte Gespräch mit ihm und planen nicht erst einen festen Termin ein.

Im Folgenden finden Sie Fragen, die sehr hilfreich für solche Gespräche sind. Sie entsprechen im Grundsatz denjenigen Fragen, die auch in den wöchentlichen und quartalsweisen OKR-Reviews relevant sind.

Status

- Wo stehst du bei deiner persönlichen OKR-Erreichung?
- Wie kommst du voran?
- Wie geht es dir dabei? Wie hoch schätzt du deine Motivation ein?

Rückblick

- Was lief gut und wo gab es Schwierigkeiten?
- Hat dich irgendetwas beeinträchtigt?
- Was sind deine Erkenntnisse seit unserem letzten Gespräch?

Ausblick

- Was steht kommende Woche an?
- In welchen Punkten willst du persönlich an dir arbeiten?
- Was erwartest du dir damit?

Unterstützung

- Worin kann ich dich unterstützen?
- Was brauchst du von mir, um erfolgreicher zu sein?

Tipps

Stellen Sie Ihre Mitarbeiterspräche auf den Prüfstand und diskutieren Sie, inwieweit unterjährige regelmäßige Dialoge für die Umsetzung von OKR hilfreich sein können.

Diskutieren Sie, inwieweit Sie zusätzliche persönliche OKR definieren müssen.

Häufige Fehler und Hürden

In den vielen Jahren, in denen ich Unternehmen bei der Umsetzung von OKR begleitet habe, hat sich gezeigt, dass eine Reihe an Fehlern immer wieder auftreten. Diese sind im Folgenden aufgelistet.

Empfehlenswert ist es, sich vor der Einführung bewusst mit diesen typischen Stolpersteinen auseinanderzusetzen und möglichst frühzeitig Gegenmaßnahmen zu entwickeln.

- Kein Management-Commitment
- Reifegrad der Organisation nicht beachtet
- Mangelnde Disziplin
- Mangelnder Fokus auf Top-Ebene
- Fehlende strategische Ausrichtung
- Keine klare Abgrenzung zwischen strategischen Zielen und operativen Zielen
- OKR werden im Dialog definiert und nicht in übergreifenden Workshops

- Veränderungsprozess unterschätzt
- Mangelnde Transparenz
- Zu wenige ambitionierte Ziele
- Zu hoher Reporting-Aufwand
- Unzureichende Information
- Keine Einbindung von Controlling und HR
- Kein ausgebildeter OKR-Coach
- Unzureichende Trainings
- Nutzung als Reporting-Instrument
- Ungeeignete Erfolgsindikatoren
- Mangelnde Problemlösungsfähigkeiten
- Fehlende Anbindung an das Shopfloor-Management

Erfolgsfaktoren

Welche Faktoren tragen zu einer gelingenden Einführung von OKR bei? Im Folgenden lernen Sie die zehn wichtigsten Erfolgsfaktoren kennen.

Regel 1: OKR-Umsetzung ist ein Führungsthema

Viele Unternehmen verlassen sich auf Werkzeuge und Methoden, bilden Experten aus und denken, dass dies schon ausreichen werde. Langfristig werden Sie mit OKR jedoch nur erfolgreich sein, wenn alle Führungskräfte diese Methode leben und in ihrem Führungsalltag verankert haben. Machen Sie OKR zum Führungsthema! Man kann Führungskräfte in ihrer Rolle als OKR-Coach gar nicht genug trainieren.

Regel 2: Denken Sie nicht zu kurzfristig

OKR soll eine agile und flexible Unternehmenssteuerung ermöglichen. Der kurzfristige Blick mit quartalsweisem Zeithorizont spielt dabei eine wichtige Rolle. Und dennoch: nicht alles, was bisherige Strategiearbeit ausgemacht hat, ist gänzlich verkehrt. Stellen Sie sicher, dass Sie nicht im Blindflug unterwegs sind und hinterfragen Sie kritisch eine reine Quartalssicht. Das Festlegen von mittelfristigen Zielen und Jahreszielen birgt auch Vorteile, so vor allem mehr Weitsicht.

Regel 3: Legen Sie los!

Idealerweise wird die OKR-Umsetzung unternehmensweit und ausgehend vom Topmanagement gestartet. Das Problem hierbei liegt jedoch darin, dass es ganz schön lange dauern kann, bis Sie hier volles Commitment erzielen. Viele Beispiele zeigen, dass der Start mit einem Piloten eine geeignete Alternative ist und den Ball automatisch ins Rollen bringen kann.

Regel 4: Konzentrieren Sie sich auf wenige Ziele

OKR-Einführungen können daran scheitern, dass schon ganz oben zu viele Ziele festgelegt werden. Die Gründe dafür sind unterschiedlichster Natur und reichen von unklarer strategischer Ausrichtung bis hin zum Sicherheitsdenken von Managern und Führungskräften.

Seien Sie mutig und konzentrieren Sie sich auf die wenigen wichtigen Ziele, die Ihre Organisation wirklich braucht.

Regel 5: Arbeiten Sie mit Zieltransformationsbäumen

Viele OKR-Einführungen bleiben auf der obersten Managementebene hängen und schaffen keine durchgängige Zielausrichtung. Dabei geht es nicht um einen bürokratischen Zielkaskadierungsprozess, sondern darum, dass auf den entsprechenden Ebenen oder Teams sinnvolle und beeinflussbare OKR definiert werden. Um das Verständnis in der Organisation zu verbessern, trainieren Sie intensiv, wie sich OKR in der Organisation entfalten können.

Regel 6: Vermeiden Sie Siloansätze

Unternehmen, die OKR einführen, verfallen sehr häufig in eine bereichs- oder abteilungsisolierte Erarbeitung von OKR. Ein solches Vorgehen mündet eins zu eins in Silodenken – ein Ergebnis, das Sie ja eben genau nicht wollen.

Starten Sie deshalb bereits auf den oberen Führungsebenen mit bereichsübergreifender OKR-Erarbeitung und Abstimmung.

Regel 7: Überfordern Sie Ihre Organisation nicht

Die quartalsweise Neudefinition von OKR ist ein genereller Grundsatz. Er bedeutet, dass jedes Quartal OKR definiert werden sollten.

In kleineren Unternehmen oder Start-ups kann das durchaus Sinn machen. Bedenken Sie jedoch Ihre Unternehmensgröße und -strukturen und wägen Sie kritisch den OKR-Zyklus ab. Zum Start kann ein Halbjahres-Zyklus durchaus sinnvoll sein.

Regel 8: Entwickeln Sie Problemlösungskompetenzen

Vielfach unterrepräsentiert sind Problemlösungskompetenzen. Dies führt dazu, dass OKR-Reviews ineffektiv ablaufen und OKR von Quartal zu Quartal ohne eine wirkliche Verbesserung geschleppt wird. Sowohl das Qualitäts- als auch das Lean Management liefern uns hier eine Vielzahl an Methoden und Werkzeugen, um dies zu verhindern.

Schulen Sie Mitarbeiter und Führungskräfte in der Anwendung dieser Techniken und bilden Sie diese in ihrer Rolle als Problemlöser aus.

Regel 9: Machen Sie OKR nicht zum IT-Projekt

Ganz gewiss wollen wir bei einer OKR-Umsetzung möglichst viel Zusatzarbeit und Reportingaufwand vermeiden. Methoden wie zum Beispiel Balanced Scorecard sind unter anderem an der zusätzlichen Arbeit, die sie mit sich brachten, gescheitert.

Generell werden Sie um ein OKR-Reporting nicht herumkommen. Wenn Sie mit OKR starten, empfehle ich Ihnen jedoch, den Fokus nicht auf eine IT-technische Umsetzung zu legen. Beginnen Sie möglichst »hemdsärmelig« und sammeln Sie in den ersten zwei Jahren Erfahrungen. Dadurch lernen Sie die internen Anforderungen an eine technische Unterstützung besser kennen und reduzieren das Risiko einer nicht auf Ihr Unternehmen passenden IT-Lösung.

Regel 10: Schaffen Sie Klarheit über die Verbindung von OKR mit dem variablen Vergütungssystem

Das wohl am meisten kritisch diskutierte Thema ist die Verbindung von OKR mit dem variablen Vergütungssystem. Mittlerweile gehen Unternehmen dazu über, variable Vergütungsmodelle komplett zu eliminieren, da diese konterkarierend zu den eigentlichen Anreiztreibern von Mitarbeiter stehen.

Wägen Sie intern die Vor- und Nachteile miteinander ab und schaffen Sie Klarheit.

Literatur

Akao, Y. (1991): Hoshin Kanri: Policy Deployment for Successful TQM. Portland

Adl, R. (2015): Cracking the Code: The secret to successful strategy execution & lessons for the C-Suite; in: BTS White Paper; online verfügbar unter: https://www.bts.com/docs/default-source/white-papers/cracking-the-code-research-report (letzter Zugriff: 22.11.2019)

Amoros, R. (2017): A century of America's Top 10 Companies; in One Chart, online verfügbar unter: https://howmuch.net/articles/100-years-of-americas-top-10-companies (letzter Zugriff: 20.08.2019)

Babich, P. (2006): Hoshin Handbook. Poway

Casey, D. (2011): X-Matrix: Strategy deployment and execution process for breakthrough business performance. Cincinnati

Collins, J. (2001): Good to great. New York

DeBusk, G. K./DeBusk, C. (2011): Combining Hoshin planning with the Balanced Scorecard to achieve breakthrough results, in: Balanced Scorecard Report, vol. 13 (6), pp. 1ff.

Dennis, P. (2009): Getting the right things done. Cambridge

Doerr, J. (2017): Measure what matters – OKR – The simple idea that drives 10x growth. New York

Doerr, J. (2018): OKR – Objectives & Key Results: Wie Sie Ziele, auf die es wirklich ankommt, entwickeln, messen und umsetzen. München

Drucker, P. F. (1954): The practice of management. New York

Hutchins, D. (2011): Hoshin Kanri – The strategic approach to continuous improvement. Burlington

Ishikawa, K. (1985): What is Total Quality Control? The Japanese Way. Tokio

Juran, J. M. (1988): Juran's Quality Control Handbook. New York

Kaplan, R. S./Norton, D. P. (Hrsg.) (1997): Die Balanced Scorecard-Strategien erfolgreich umsetzen. Stuttgart

Kaplan, R. S./Norton, D. P. (2001): Die strategiefokussierte Organisation – Führen mit der Balanced Scorecard. Stuttgart

Kaplan, R. S./Norton, D. P. (2009): Der effektive Strategieprozess. Frankfurt am Main

Klau, R. (2013): How Google sets goals: OKR. Youtube vom 14.05.2013, online verfügbar unter: https://www.youtube.com/watch?v=mJB83EZtAjc (letzter Zugriff: 25.08.2019)

Kleinhietpaß, G. (2008): Potenzialprofil – am Kundennutzen orientierte Verkaufspreise finden, in: Controller Magazin, 9/2008, S. 10 ff.

Kotter, J. P./Cohen, D. S. (2002): The heart of change: Real-life stories of how people change their organizations. New York

Kudernatsch, D. (2019): Hoshin Kanri – Policy Deployment durch agile Strategieumsetzung. Stuttgart

Kudernatsch, D. (2018): Studienbericht Reifegrad Strategieumsetzung. München

Levy, S. (2012): Google Inside – Wie Google denkt, arbeitet und unser Leben verändert. Heidelberg

Liker, J. K (2007): Der Toyota Weg: 14 Managementprinzipien des weltweit erfolgreichsten Automobilkonzerns. München

Liker, J. K./Hoseus, M. (2009): Die Toyota-Kultur. München

Liker, J. K. (2011): Der Toyota-Weg. München

Liker, J. K./Franz, J. K. (2011): The Toyota Way to continuous improvement. New York

Liker, J. K./Convis, G. L. (2012): Toyota Lean Leadership. New York

Lobacher, P./Jacob, C.; Haag, J./Schubert, M. (2017): Agiles Zielmanagement und modernes Leadership mit Objectives und Key Results (OKR). North Charleston

Malik, F. (2006): Führen, Leisten, Leben. Frankfurt am Main

Osterwalder, A./Pigneur, Y. (2011): Business Model Generation. Frankfurt am Main, New York

Ohno, T. (1993): Das Toyota Produktionssystem. Frankfurt am Main

Ozeki, K./Asaka, T. (1988): Handbook of Quality Tools: the Japanes approach. Cambridge

Rother, M. (2009): Die Kata des Weltmarktführers – Toyotas Erfolgsmethoden. Frankfurt am Main

Shook, J. (2009): Toyota's Secret: The A3 Report, in: MIT Sloan Management Review, Vol. 50, No. 4, pp. 30 ff.

Shook, J. (2010): Managing to Learn – Using the A3 Management process to solve problems, gain agreement, mentor, and lead. Cambridge

Sobek, D. K. (2008): Understanding A3 thinking: a critical component of Toyotas PDCA-Management. New York

Steiber, A: The Google Model – Managing continuous innovation iin a rapidly changing world. London

Tichy, N. M./Cohen, E. (1997): The leadership engine: how winning companies build leaders at every level. New York

Wodtke, C. (2016): Radical focus – Achieving your most important goals with Objectives and Key Results. San Bernardino

Stichwortverzeichnis

Impressum

Bibliografische Information der Deutschen Nationalbibliothek
Die Deutsche Nationalbibliothek verzeichnet diese Publikation in der Deutschen Nationalbibliografie; detaillierte bibliografische Daten sind im Internet über http://www.dnb.dnb.de abrufbar.

Print:	ISBN: 978-3-648-15319-2	Bestell-Nr.: 10767-0001
ePub:	ISBN: 978-3-648-15320-8	Bestell-Nr.: 10767-0100
ePDF:	ISBN: 978-3-648-15321-5	Bestell-Nr.: 10767-0150

Dr. Daniela Kudernatsch
Objectives and Key Results
1. Auflage 2021

Redaktionsanschrift: Fraunhoferstraße 5, 82152 Planegg/München
Internet: www.haufe.de
E-Mail: online@haufe.de
Redaktion: Jürgen Fischer

Konzeption, Realisation und Lektorat: Nicole Jähnichen, München
Bildnachweis (Cover): peterschreiber.media, Adobe Stock
Illustrationen (Innenteil): Claudia Betzer

Die Autorin

Daniela Kudernatsch

ist Geschäftsführerin des Beratungsunternehmens Kudernatsch Consulting & Solutions, das Unternehmen bei der Strategieentwicklung und -umsetzung unterstützt. Außerdem begleitet die promovierte Betriebswirtin Unternehmen bei der Einführung und Nutzung von Hoshin Kanri (Policy Deployment), OKR, Balanced Scorecard, Six Sigma (Master Black Belt), Lean Management und Lean Leadership. Sie ist Autorin mehrerer Fachbücher und zahlreicher Artikel zum Thema Strategieumsetzung. Sie zählt zu den Wegbereitern der Balanced Scorecard und des Hoshin Kanri im deutschsprachigen Raum. Auf nationalen und internationalen Kongressen referiert sie über neueste Entwicklungen und Trends. Sie arbeitete bereits in mehr als 60 Strategieumsetzungsprojekten in multinational und international agierenden Unternehmen mit.

Mehr zur Autorin via www.kudernatsch.com